日月樓中日月長
戊戌子愷

海的渴慕者
民智書局印行

弘一大師紀念冊

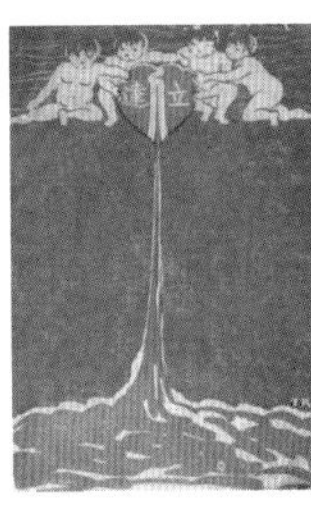

東方雜誌
新年特大號

童話概要
趙景深著

護生畫集

宇宙風

中國文學小史

護生畫集正續合刊

宇宙風

蹤跡
朱自清作

愛的教育

源氏物語

談風
半月刊
新年特大號

從軍日記

中國青年

兒童漫畫

宇宙風

金河王
童話

世界大音樂家與名曲

封面子恺
T. K.
吴达 杨朝婴 宋雪君 杨子耘 编著
黄山书社

序

钟桂松

这是第一部将丰子恺设计的封面和封面有关的故事编在一起的书，里面林林总总的封面和一个个与子恺封面有关的真实有趣的故事，让人赏读起来流连忘返爱不释手。

在现代封面设计史上，丰子恺是开风气之先的人物，所以有人称“丰子恺是开现代书籍装帧先河的设计家之一”。学生时代，他在老师李叔同的熏陶下，对图画课的兴趣日益浓厚。李叔同的审美理想和审美观念，在年轻的丰子恺心里植根，并且在其后来的艺术生涯中生根开花。我们梳理丰子恺的艺术教育生涯，发现他并没有在课堂上教过写作课，大多数时间是在教图画和音乐，我相信这是李叔同先生的因缘，也是丰子恺先生的传承，读过这部《封面子恺》，这种感觉更加强烈了。在图画艺术上，丰子恺先生和李叔同先生是一脉相承的。丰子恺在封面设计中呈现给我们的，是他对真善美的美学意趣的追求，和他对美学思想的贯彻。所以这次集中呈现丰子恺先生如此之多的封面设计作品，确实让人大饱眼福大快朵颐！

书中搜集展示丰子恺前后跨度几十年（最早是 1924 年）的封面作品，写实的风格贯穿始终。无论他绘制书籍的封面，还是为杂志设计封面，形态虽然不一样，但是风格上写实的元素，写实的意趣，十分明显。如《海的渴慕者》封面，有人有海有太阳，让人一目了然；《音乐的常识》的封面，设计了两个人在树下吹奏的音乐元素。《中国青年》的封面，丰子恺按照这本杂志所担负的使命，两份封面都有“一支箭”的元素，表达了矢志不渝的信念，寓意深刻。

读丰子恺设计的封面，第二个感受是丰先生在艺术上的想象力非常丰富，无论是一般性图书，还是他自己的著作或翻译作品，封面设计都极具想象力！如《儿童故事》第八期，封面上设计了两个儿童骑着大鸟在天空中飞翔，下面是气球和城市的高楼大厦，天上与人间，现实与想象，完美地结合在一起。再如《儿童故事》第十一期的封面，两头大象，三个孩子，其中两个孩子坐在大象头上，一个坐在大象的象鼻子上，画面非常和谐，充满童趣。

第三个感受是丰子恺的封面设计，充分利用寓意深刻、笔少意浓、以小见大的漫画。“子恺漫画”进入丰子恺的封面设计，使封面设计的主题更加集中突出。在 20 世纪 30 年代以后，丰子恺的漫画与他的封面设计得到完美结合，甚至在杂志封面设计中，也常常用漫画作封面设计，这些漫画和色彩、图案等元素结合起来，相得益彰，构成一幅完美的封面。所以丰子恺以自己的漫画入封面设计，在中国现代装帧设计史上，是无人企及的一朵奇葩。《封面子恺》从另一个角度为我们展示了丰子恺的艺术贡献。

丰子恺的封面设计起点很高，1924 年，26 岁的丰子恺为《我们的七月》设计封面，后来亚东图书馆在 10 月 5 日的《民国日报》副刊“觉悟”上为这本书做广告，特地提到：“封面系丰子恺先生所画，甚为精美。”这大概是最早见诸文字的对丰子恺封面设计的评价。

在现代装帧设计史上，陶元庆和钱君匋都是得到鲁迅青睐、提携的装帧设计家，他们在现代封面设计史上都作出过很大贡献，在书籍装帧封面设计方面留下了浓墨重彩的一笔。这两位封面设计大师级人物，都是丰子恺曾经教过的学生。钱君匋别具一格的封面设计，被世人誉为“钱封面”。在他的封面设计中，我们依然能够寻绎出不少李叔同、丰子恺图画设计的思想元素，可以看出师承关系。

《封面子恺》中除了那些精彩的丰子恺设计的封面，还有吴达、杨朝婴、宋雪君、杨子耘四位写的有关封面的饶有趣味的故事和解读，让这部《封面子恺》更加立体生动起来，丰先生的封面历史变得更加丰富多彩起来。这些有关封面的故事，以流畅的笔调，细心的叙述，还原了当时的场景，读者在长知识的同时，又能够在并不遥远的时空里，了解丰子恺封面设计、著作出版的往事。这些故事中介绍的人和事，不少是过去鲜有提及甚至忽略不计的，现在经过四位作者精心梳理，重新呈现在读者面前。所以无论是从史料角度还是从艺术角度，都十分珍贵和难得。也正因为有了这些封面故事，大大增强了丰子恺先生封面设计的历史厚度。读过《封面子恺》，那些美不胜收的封面和有关封面的历史往事，留在脑海里挥之不去，成为阅读的美好记忆。这是我先睹为快的感想和体会，是为序。

2019-12-3　杭州

第一辑　海上晨光　*1924 — 1929*

第二辑　繁花硕果　*1930 — 1937*

第三辑　艺术逃难　*1938—1949*

第四辑　日月星河　*1951 — 1999*

兒童散学歸来早
忙趁東風放紙鳶
子愷

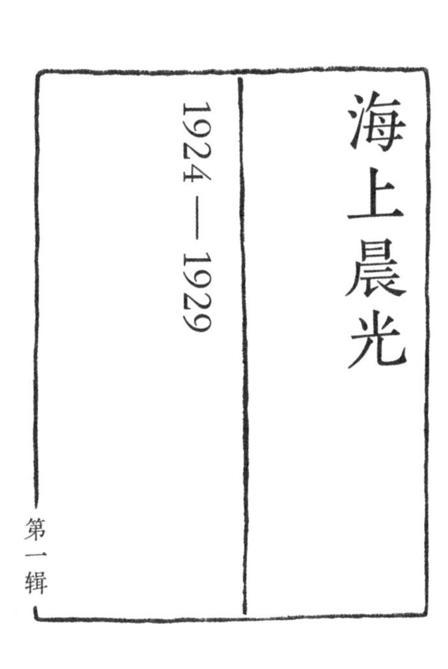
海上晨光
1924—1929
第一辑

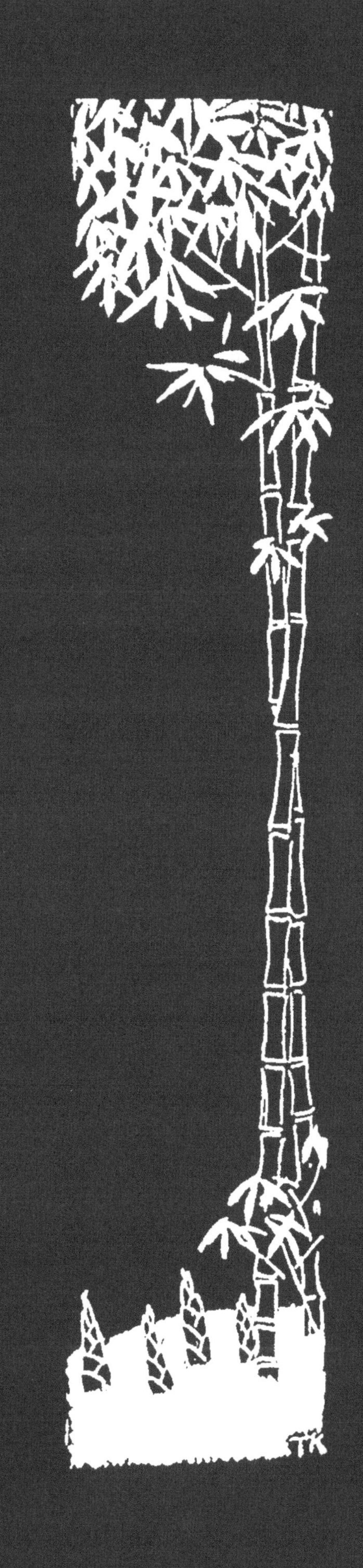

海的渴慕者

| 俍 工 著
| 1924 年 4 月
| 民智书局
| 封面 丰子恺

海的渴慕者
俍工著
TK
民智書局印行
一九二四

海的渴慕者

丰子恺的第一幅封面作品

《海的渴慕者》是丰子恺的第一幅封面设计作品，完成于 1924 年，比他为俞平伯、叶圣陶和朱自清《我们的七月》画的封面画，还早了几个月。

这本书的出版商上海民智书局，是民国时期上海很有影响的一家出版社，成立于 1921 年，创办人是辛亥革命志士、国民党元老林焕廷（即林业明）。图书作者为孙俍工，一位很有影响的教育家、语言学家、文学家、翻译家和书法家。他是湖南省隆回县司门前镇孙家垅村人，曾就学于北京高等师范学校，参加过五四运动，毕业后到长沙第一师范学校任国文教员。

据湖南隆回县文管所所长胡光曙《毛泽东与作家孙俍工》一文介绍，孙俍工在学校教的课程是语言学、文字学、中国文学概论和古文选读等。他的讲课旁征博引，妙趣横生，在吸引了全班学生的同时，也吸引了校内外的一些学生和老师前来旁听。人多了坐不下，有的人就坐在走廊上。在这些人中就有当时在湖南第一师范学校附属小学任教的毛泽东。毛泽东与孙俍工同岁，他们的交往就是在讲课与听课中开始的。

课余，毛泽东时常从孙俍工这里借阅一些图书，如对讲课中的一些问题持不同看法，也会找孙俍工讨论。毛泽东还向孙俍工学习书法，当时毛泽东练习的是行书，正打算练习草书。孙俍工对毛泽东说："其实，行书比楷书、隶书都难。你想想，变化那么多，写起来却不能停顿，是在行笔中完成那么多笔锋的变化的，不容易呀！"从此，毛泽东苦练基本功，用他的勤奋与聪慧资质，很快练就了一手出色的行草。

1940 年，孙俍工举家迁居重庆。1945 年 8 月，毛泽东接受蒋介石的邀请，飞到重庆和国民党谈判，同行的有周恩来与王若飞等。在谈判间歇，毛泽东一行来到孙俍工的住处，两位好友畅谈了足足两个小时，才告辞离去。临行前毛泽东赠送孙俍工一幅横轴，书写的是诗词《沁园春·雪》。这时孙俍工对毛泽东的书法作出了这样的评价：“仿古而不泥于古！尽得古人神髓，而又能以己意出之！非基础厚实者莫能如此。况您由行而草，竟能卓然自树一格，真不简单！主席，您笔底自由了！”

早在1921年，丰子恺在上海郊区吴淞中国公学兼课，与孙俍工、舒新城、匡互生、陶载良、朱光潜、朱自清等人是同事。但在1924年时，孙俍工还在湖南第一师范教书，丰子恺却在浙江上虞白马湖畔的春晖中学教书，而丰先生与《海的渴慕者》的出版商上海民智书局又没有什么联系，他怎么会为孙俍工设计封面呢？这个疑问，翻开《海的渴慕者》就可以找到答案。

这是一本短篇小说集，共收入《疯人》《看出殡》《故乡》《看禾》《海的渴慕者》等十八篇短篇小说。其中《海的渴慕者》描写一个青年因为家庭、社会、爱情等种种束缚和不幸遭遇而陷入悲观绝望，最终跳海自杀。

《海的渴慕者》开篇有序，是夏丏尊写的。文章写道：“与俍工别，已三年多了。当我们在一处时，曾相约从事创作。自愧疏懒，兼以无谓的矜持，偶有所得，亦随作随弃，不敢示人。……”这里所说的“当我们在一处”，指的是夏丏尊在湖南第一师范学校任教时期，与孙俍工是同事。文章的最后落款是“一九二四年雪夜 丏尊记于白马湖平屋”。这就解释得一清二楚了：与夏丏尊平屋紧邻的，就是丰子恺的小杨柳屋。这样，夏丏尊为《海的渴慕者》写序言，住在隔壁的丰子恺设计了封面，一起完成了孙俍工、夏丏尊与丰子恺三人的一次合作。

我们的七月（一九二四年）

1924年7月

亚东图书馆

封面　丰子恺

我們的七月
一九二四年

“我们社”的创刊号

《我们的七月（一九二四年）》

《我们的七月（一九二四年）》这本不定期的刊物，对于丰子恺来说具有重大意义。丰子恺不但为这本杂志描画了封面画《夏》，还在这本杂志上发表了他的第一幅漫画作品《人散后，一钩新月天如水》。这幅画以线条的笔墨描画卷起来的竹帘，配以廊边的小桌、零星分布的茶壶和几个茶杯，还有醒目的一弯新月，散发出静谧而雅致的意境。在发表的这幅画边上，直接标明了“漫画”二字，署名为“子恺笔”。郑振铎正是在《我们的七月（一九二四年）》上看到这幅画，极感兴趣，便开始不断向丰子恺约稿索稿，在他主编的《小说月报》上发表。

到 1925 年，丰子恺等人已离开春晖中学，在上海创办立达学园。这时郑振铎想给丰子恺出一本画集，便约了叶圣陶、胡愈之一起到丰子恺上海江湾的家中去选画。左挑右选，最后他们几乎带走了丰子恺所有的画作。郑振铎在《〈子恺漫画〉序》中表露了当时的心情：“他把他的漫画一幅幅立在玻璃窗格上，窗格上放满了，桌上还有好些。我们看了这一幅又看了那一幅，震骇他的表现的谐美，与情调的复难，正如一个贫窭的孩子，进了一家无所不有的玩具店，只觉得目眩五色，什么都是好的。……当我坐着火车回家时，手里夹着一大捆子恺的漫画，心里感着一种新鲜的、如同占领了一块新高地般的愉悦。”就这样，丰子恺有了第一本漫画集——《子恺漫画》，同时漫画也开始在中国画坛占有一席之地。

《我们的七月（一九二四年）》出版于 1924 年 7 月。翻开目录页，可以看到一个奇怪的现象：这里的每一首诗每一篇散文，都没有标出作者名，甚至连笔名也没有，唯有封面画《夏》标有“丰子恺作”，插画《人散后，一钩新月天如水》旁标有“子恺笔”。在书的版权页上，同样找不到朱自清、俞平伯两位主编的名字，只有“O·M 编”字样。这是因为这本像小书一般的杂志，作者是一个志同道合的群体，他们不需要“文责自负”，但可以“文责共负”。

说到“O·M 社”，这个名字是从“我们”这个词的拼音 Wo Men 得来，成员共有十三人，他们是朱自清、俞平伯、叶圣陶、刘延陵、顾颉刚、潘漠华、丰子恺、刘大白、冯三昧、白采、张维祺、金冥若、吴缉熙。大家商定，出版的刊名以“我们”和出版的月份组成，这样，第一期会刊出版于七月，便得名《我们的七月（一九二四年）》。这一期由俞平伯担任执行主编，上海亚东图书馆出版。

“O·M 社”一开始的主要成员为朱自清、俞平伯、叶圣陶、刘延陵四位，后来又延展到白马湖作家群。朱自清在春晖中学与夏丏尊、丰子恺、朱光潜等人经常聚集在夏丏尊的“平屋”，饮酒聊天，讨论教育，切磋诗文写作。正如朱光潜对于白马湖生活的一段回忆：“我的第一篇处女作《无言之美》就是在丏尊、佩弦二位的鼓励下完成的。他们意趣相投，志同道合，没有文人相轻，而是文人相敬，他们的友情比白马湖的水还要深，还要醇。”

我们的六月（一九二五年）

1925年6月

亚东图书馆

封面　丰子恺

T.K
我們的六月
一九二五年

闭刊号

《我们的六月（一九二五年）》

如果说《我们的七月（一九二四年）》是“O · M 社”的创刊号，那么，第二期《我们的六月（一九二五年）》就是“O · M 社”会刊的闭刊号了。在这一期刊物上，丰子恺画了封面画《绿荫》——一幅绿意盎然的简笔画，还画了插画《黄昏》和《三等车窗内》。

朱自清是在 1924 年 8 月 4 日收到《我们的七月（一九二四年）》样刊的，他在当天的日记里写道：“下午亚东寄《我们的七月》三册来，甚美，阅之不忍释手。”但是，这本创刊号的销售却有点不尽如人意：这一期印了三千册，只销售了一千二百册。也许是为了强调这是“O · M 社”一群志同道合者不为名利的创作，所以隐去了作者姓名或笔名，而读者显然不能认同。所以，由朱自清任执行主编的这一期《我们的六月（一九二五年）》，与《我们的七月》有了明显的不同：不但所刊作品都有了作者署名或笔名，还在附录里补上了带有作者名的《我们的七月》目录。在接下来的“本刊启事”中说：“本刊所载文字，原O·M同人共同负责，概不署名。而行世以来，常听见读者们的论议，觉得打这闷葫芦很不便，颇愿知道各作者的名字。我们虽不求名，亦不逃名，又何必如此吊诡呢？故从此期揭示了。”

《我们的六月（一九二五年）》的排印与发行，适逢“五卅惨案”，朱自清于6月10日赶在刊物付型前，写下了铿锵激昂的诗篇：《血歌——为五卅惨剧作》。这首诗占两面，框在粗黑框里以示悼念，显目地排在目录页之前。诗云：

血是红的！血是红的！
狂人在疾走，太阳在发抖！
血是热的！血是热的！
熔炉里的铁，火山在崩裂！
血是长流的！血是长流的！
长长的扬子江，黄海的茫茫！
血的手！血的手！
戟着指，指着他我你！
血的眼！血的眼！
团团火，射着他你我！
血的口！血的口！
申申詈，唾着他我你！
中国人的血！中国人的血！

都是兄弟们，都是好兄弟们！
我们的头还在颈上！我们的心还在腔里！
我们的血呢？我们的血呢？
“起哟！起哟！”

1924年底，俞平伯从杭州搬到北京定居，1925年8月，朱自清受俞平伯推荐与邀请，在《我们的六月（一九二五年）》出版后两个月，来到清华大学任国文系教授。这样，存活了近两年的“O·M社”，以及只出过两期的会刊，随着两位核心人物的离开，自然而然地解体和停止出版了。但是，朱自清、俞平伯以及白马湖作家群的创作，在新文学诗歌与散文的开拓，在20世纪20年代的中国文坛，还是留下了浓重的一笔。

踪迹

| 朱自清　作
| 1924 年 12 月
| 亚东图书馆
| 封面　丰子恺

踪跡
朱自清作

白马湖畔留《踪迹》

许多报纸杂志时常会提出一个话题，让大家参与讨论或回答。1947 年 12 月 11 日和 25 日的《大公报》就提出了三个问题：“1. 我的第一本书是什么？ 2. 它是怎样出版的？ 3. 我的下一本书将是什么？”

当时回答这三个问题的有十八位，包括朱自清、胡适、沈从文、巴金、钱锺书、郑振铎、丰子恺、李广田、冯至、费孝通等。由于编辑部提出发表时“排列以收到的先后为序”，而丰子恺正好第一个交稿，所以排在了第一。

朱自清是这样回答这三个问题的：

> 1.《踪迹》，上海亚东图书馆出版，民国十三年十二月初版，二十五年八月五版。这本书分为二辑，第一辑是诗，第二辑是散文。现在亚东图书馆已经不存在了，这本书也绝版了。
>
> 2. 这本书是俞平伯先生介绍给亚东图书馆的，卖了二百八十元。那时我欠了二百元的债。钱到手还了一半债，剩下的好像是补贴了家用，也许还买了些书，似乎并没有用这笔钱吃喝玩儿。那时我在浙江上虞白马湖春晖中学教书。
>
> 3.《标准与尺度》，由上海文光书店印行，不久可以出来。这是复员以来写的一些短文集起来的，其中有杂文、批评、书评等，所说的大概都离不了标准与尺度；书里恰好有一篇《文学的标准与尺度》，因此就取定了书名。从前作文，斟酌字句，写得很慢。这本书里的文章写得比较的随便，比较的快，为的读者容易懂些。

朱自清的这本《踪迹》，丰子恺设计的封面是竖幅的海景，仅占据不到一半的画面，白云朵朵整齐排列，其中一朵还跳出了画面。两只海鸥在海平面低飞，层层浪花的分布错落有致，虽然视觉的中心全都集中在右半部分，却并没有明显的偏离及不适感。

在春晖中学教书时期，丰子恺与朱自清住得很近，中间仅隔着夏丏尊的家。在这里的每一天，几位教师的日子过得充实、紧凑而丰富多彩。他们自称“火车教员”，一起乘坐火车到宁波去兼课；课余又互帮互助一起从事创作。傍晚，聚在一起饮酒喝茶聊天。朱光潜在一篇写丰子恺和他的画的文章里，有这样一段值得玩味的文字：

> 同事夏丏尊朱佩弦刘薰宇诸人和我都和子恺是吃酒谈天的朋友，常在一块聚会。我们吃饭和吃茶，慢斟细酌，不慌不闹，各人到量尽为止，止则谈的谈，笑的笑，静听的静听。酒后见真情，诸人各有胜慨，我最喜欢子恺那一副面红耳热、雍容恬静、一团和气的风度。后来，我们离开白马湖，在上海同办立达学园。大家挤住在一条僻窄而又不大干净的小巷里。学校初办，我们奔走筹备，都显得很忙碌，子恺仍是那副雍容恬静的样子，而事情都不比旁人做得少。虽然由山林搬到城市，生活比较紧张而窘迫，我们还保持着嚼豆腐干花生米吃酒的习惯。我们大半都爱好文艺，可是很少拿它来在嘴上谈。酒后有时子恺高兴起来了，就拈一张纸作几笔漫画，画后自己木刻，画和刻都在片时中完成，我们传看，心中各自喜欢，

也不多加评语。有时我们中间有人写成一篇文章，也是如此。这样地我们在友谊中领取乐趣，在文艺中领取乐趣。

这一段艰难而充实的生活，朱自清后来还经常回味、缅怀。他在 1945 年 7 月从四川成都赠给丰子恺四首诗，其中有一首写道：

应忆当年湖上娱，天真儿女白描图。
两家子侄各笄冠，却问向平愿了无。

“应忆当年湖上娱”，这里的“湖上”，也就是春晖中学所在地白马湖。当时丰子恺与朱自清都已是几个孩子的父亲，课余，丰子恺去朱自清家闲聊，见他的孩子们跑进跑出地玩耍，便拿起桌上现成的笔墨，随手为朱自清的女儿阿菜画了一幅漫画肖像。朱自清见了爱不释手，请夏丏尊题写几个字，夏丏尊便题写下“丫头四岁时　子恺写　丏尊题”。朱自清很喜欢这幅画，后来还把它用作自己的散文集《背影》的插图。这首诗的最后一句“却问向平愿了无”，朱自清在这里用了《后汉书・逸民传》中的典故。向平指的是东汉高士向长，字长平，此人长期隐居不去做官，子女婚嫁后他又出门漫游五岳。朱自清与丰子恺一别十多年，他在惦念丰先生的子女是否已经婚嫁。

苦闷的象征

厨川白村　著　丰子恺　译

1925年3月初版　1932年9月国难后第一版

商务印书馆

封面题字　丰子恺

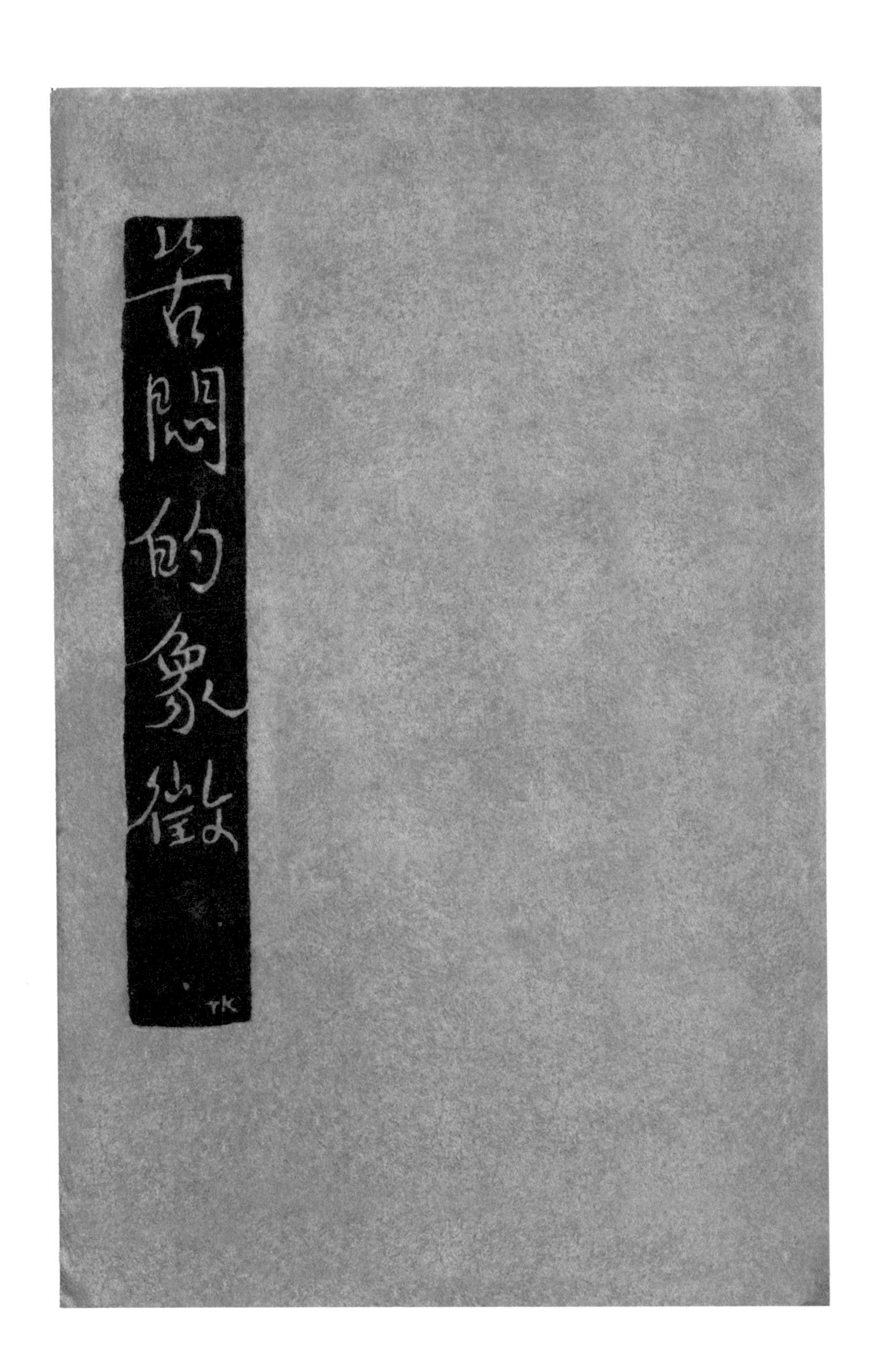
苦悶的象徵
TK

苦闷的象征

厨川白村　著　鲁迅　译

1925年3月初版　1929年8月七版

北新书局

封面　陶元庆

苦悶的象徵
廚川白村著
魯迅譯

译书“撞车”

1927 年 11 月 27 日，鲁迅在日记中写道：“星期日。晴。上午得立娥信，十九日发。黄涵秋、丰子恺、陶璇卿〔即陶元庆〕来……”鲁迅这条日记明确记载了丰子恺为译书“撞车”而专程登门拜见鲁迅的事。所谓译书“撞车”，是指鲁迅与丰子恺在互不知情的情况下几乎同时翻译出版日本作家厨川白村的文艺评论集《苦闷的象征》一事。

丰子恺在《鲁迅先生与美术》中回忆：“记得抗战前某年某日，我同了陶元庆君去访鲁迅先生，时间是上午十时后，他还躺在床里，拥着被和我们谈话。我记得他说：‘人家说我动笔就骂人，我躺着不动笔，让他们舒服些罢！’”鲁迅幽默的开场白，营造了他们见面谈话轻松的气氛。丰子恺接着写道：

> 记得我那天去访他，是为了厨川白村的《苦闷的象征》的事。我因为不知道他在翻译这书，我也翻译了，而且两译本同时出版（我的在商务印书馆出版，他的大约是在北新书局）。出版以后，我才知道。倘早知鲁迅先生在翻译，我就作罢了。因为他的理解力和文笔都胜于我，我又何必多此一举呢。那天我去访，就是说明这点意思。但他毫不介意，对我说：“这有什么关系，在日本，一册书有五六种译本不算多呢。”接着，对我和陶君大谈中国美术界的沉寂、贫乏与幼稚，希望我们多做一点提倡新艺术的工作。

鲁迅是在 1924 年 4 月起着手翻译，并于同年 10 月译毕，交未名社于该年 12 月初版。而大约就在鲁迅翻译此书的同时，丰子恺也开始翻译，并于 1925 年

3月由上海商务印书馆出版。同一本书两个译者三个月内相继出版，两本书就这样“撞车”了。

鲁迅毫不介意的态度和对丰子恺说的这番话，使得丰子恺心里热乎乎的。原先的顾虑打消了，翻译“撞车”的误会就这样解除了，而鲁迅的“希望”也成为丰子恺以后为新艺术工作的创作动力。

《苦闷的象征》是日本文艺批评家厨川白村的一部文艺理论书，也可说是一部美学著作，当时中国正处在新文化运动时期，尤其是在五四运动后，诞生了许多抒写那时知识分子在新旧社会变革、动荡中的觉醒、彷徨、苦闷的新文学作品。而《苦闷的象征》正好契合了当时中国的文艺创作思潮，使当时国内的新文学作家们对《苦闷的象征》产生亲切感。有人曾说这本书似乎就是对那一时期“苦闷文学”的艺术理论总结。对于这样一本引起当时中国思想文化界共鸣的书，鲁迅与丰子恺的眼光是一致的，不谋而合地都把它当作了翻译的对象，实际上也表达了他们两人共同的普世为学情怀。

在鲁迅与丰子恺的翻译推出后，这本著作逐渐为国内文化界人士所了解。可以这么说，《苦闷的象征》在中国近代文艺美学史上的影响力，超越了任何其他美学译作，影响了五四时期作家们对于“苦闷”文学的抒写，也促进了中国近代文艺理论的建立与发展。

有了两个译本，自然会引出哪个译本更好的问题。有位叫季小波的读者，当年与鲁迅交往颇深，同时也是丰子恺的学生，他在1989年12月20日的《文汇报》上发表了一篇题为《鲁迅的坦诚》的文章。文章中说：曾在1929年读到鲁迅译的《苦闷的象征》后，感到译文比较难懂，有些句子还长达百来字，觉得还是丰子恺的译本“既通俗易懂，又富有文采”。季小波继而写道：“我觉得在翻译的某些方面，鲁迅显然不如丰子恺，但鲁迅的文章却无疑是大家手笔。我出于尊敬鲁迅，想对他当面提出我的看法，但又怕过于率直而伤了‘情面’。三思之下，决定还是写一封信向鲁迅‘请教’。我在信中将厨川白村的原文（日文）及鲁译、丰译的同一节、同一句译文互相对照，提了我的意见，还谈了直译、意译和林琴南文言文译的不足之处。”没几天，季小波果然收到鲁迅长达三页的回信。在信中，鲁迅不仅表示同意季小波的看法，认为他译的不如丰子恺译的易读，还在信中自嘲地说：“时下有用白话文重写文言文亦谓翻译，我的一些句子大概类似这种译法。”

与其说丰子恺与鲁迅译书“撞车”，还不如说是两位文艺巨匠英雄所见略同的心灵默契和文化认同。“撞车”不撞情，反而撞出了大师之间绚烂的友谊火花，也为我们留下了一段文坛佳话。

音乐的常识

| 丰子恺　著
| 1925 年 12 月初版　1935 年 6 月五版
| 亚东图书馆
| 封面　丰子恺

音樂的常識
豐子愷著
亞東圖書館印

音乐是精神的食粮

丰子恺自幼受到音乐熏陶。他的祖母沈氏爱好戏曲，在家购置锣鼓和胡琴、琵琶、三弦、箫、笛等民族乐器，逢良辰佳节，会请能弹会唱的人到家里来演奏。这些都在丰子恺心中留下深刻印象。

丰子恺考入浙江省立第一师范学校以后，受到恩师李叔同的艺术教育培养，从而步入艺术生涯。毕业后的七八年，丰子恺先后在爱国女学、上海专科师范学校、春晖中学、立达学园、上海艺术大学、澄衷中学、松江女中等校任教，教的都是音乐、美术这两门艺术类课程。

丰子恺在《音乐与人生》一文中说：

> 食物是营养身体的，音乐是营养精神的，即“音乐是精神的粮食”。良好的音乐可以陶冶性情，不良的音乐可以伤害人心。故音乐性质的良否，必须审慎选择。譬如饮料，牛乳的性质良好，饮了可使身体健康；酒的性质不良，饮了有害身体。音乐也如此，高尚的音乐能把人心潜移默化，养成健全的人格；反之，不良的音乐也会把人心潜移默化，使他不知不觉地堕落。故我们必须慎选良好的音乐，方可获得陶冶之益。

《音乐的常识》就是丰子恺教大家怎样用“良好的音乐”来陶冶性情，从而养成健全的人格。这本书是丰先生继 1925 年日语翻译作品《苦闷的象征》和第一本漫画集《子恺漫画》后，出版的第三本书，出版商是亚东图书馆。自问世到 1948 年，亚东图书馆一共印刷了八版。

《音乐的常识》分为三部九章，从音乐的起源开始，继而介绍音的构造、声乐与器乐、乐曲的形式以及内容，接下来是西洋音乐的发展简史、歌剧和乐剧以及音乐演奏会各种编排。最后附有索引，包括“事项索引”与“人名索引”，各种与音乐相关的术语和人物都可以在这里查到。

子恺漫画

丨 丰子恺 绘
丨 1926 年 1 月
丨 开明书店
丨 封面 丰子恺

子愷漫畫
请勿遗失！
缘缘堂自藏

丰子恺的第一本画集

丰子恺的漫画作品，最早在《我们的七月》上发表，被郑振铎看中并开始不断索稿，在他主编的《小说月报》上刊登，最后由郑振铎、叶圣陶、胡愈之和茅盾等人编选成集子，取名《子恺漫画》，先是在 1925 年 12 月由文学周报社出版，一个月以后又由开明书店出版。

《子恺漫画》的一个特点是序跋达七篇之多。

丰子恺的老师夏丏尊在《〈子恺漫画〉序》中说："子恺来要我序他的漫画集。记得：子恺的画这类画，实由于我的怂恿。在这三年中，子恺实画了不少，集中所收的不过数十分之一。其中含有两种性质，一是写古诗词名句的，一是写日常生活的断片的。古诗词名句，原是古人观照的结果，子恺不过再来用画表出一次，至于写日常生活的断片的部分，全是子恺自己观照的表现。前者是翻译，后者是创造。画的好歹且不说，子恺年少于我，对于生活，有这样的咀嚼玩味的能力，和我相较，不能不羡子恺是幸福者！"

俞平伯在《〈子恺漫画〉跋》中说："一片片的落英都含蓄着人间的情味，那便是我看了《子恺漫画》所感。——'看'画是杀风景的，当说'读'画才对，况您的画本就是您的诗。"

好友朱自清在《〈子恺漫画〉代序》中说："我们都爱你的漫画有诗意；一幅幅的漫画，就如一首首的小诗——带核儿的小诗。你将诗的世界东一鳞西一爪的揭露出来，我们这就像吃橄榄似的，老咂着那味儿。"

画家、篆刻家丁衍庸在《〈子恺漫画〉序》中说："我是从研究绘画稍得领略了一点趣味的人。见了子恺君的漫画，更给了我许多新趣味。我得到了这种感情的快乐和愉悦，很想介绍给一般人，也得到一点趣味，来谋新生活的向上，这就是我介绍子恺君的这一部'诗情逸趣'漫画的本意。"

作家、语言学家方光焘在《漫话》中说：“子恺！在这充满了所谓‘画家’‘艺术家’‘艺术的叛徒’的中国，你何必把那吃饭的钱省节下来，去调丹青，买画布，和他们去争一日之长呢！你只要在那‘说不出’的当儿，展开桌上的废纸，握着手中的秃笔，去画罢！画出那你‘说不出’的热情和哀乐，使你朋友见了，可得欢乐，使你夫人见了，可以开怀，使你的阿宝见了，可以临摹，使你的华瞻见了，可以大笑！那就是你的艺术；也就是你的艺术生活！”

数学家刘薰宇在《〈子恺漫画〉序》中说：“这几十页的小画，都是他兴会浓酣的刹那间的产物；完全是性灵展开的遗痕。”

作家、诗人、文学评论家郑振铎在《〈子恺漫画〉序》中说：“我先与子恺的作品认识，以后才认识他自己。第一次的见面是在《我们的七月》上。他的一幅漫画《人散后，一钩新月天如水》，立刻引起我的注意。虽然是舒朗的几笔墨痕，画着一道卷上的芦帘，一个放在廊边的小桌，桌上是一把茶壶，几个杯，天上是一钩新月，我的情丝却被他带到一个诗的仙境，我的心上感到一种说不出的美感，较之我读那首《千秋岁》（谢无逸作，咏夏景）为尤深。”丰子恺这幅画的画题取自宋代诗人谢无逸的《千秋岁·楝花飘砌》的最后一句：“楝花飘砌，蔌蔌清香细。梅雨过，萍风起。情随湘水远，梦绕吴山翠。琴书倦，鹧鸪唤起南窗睡。/密意无人寄，幽恨凭谁诉？修竹畔，疏帘里。歌余尘拂扇，舞罢风掀袂。人散后，一钩淡月天如水。”

这样洋洋洒洒的七篇重量级序跋，放在《子恺漫画》这样一本小小的画集里，不由得让人想要细细品读其中的每一幅画。也正是从这本小书开始，中国才有了“漫画”这个词，才流行起“漫画”这一绘画品种，才有“子恺漫画”这样的艺术品牌。

爱的教育

亚米契斯　著　夏丏尊　译

1926 年 3 月

开明书店

封面　丰子恺

愛的教育
意·亚米契斯著
夏丏尊译

爱的教育

亚米契斯　著　夏丏尊　译

1926年3月初版　1947年10月修正十三版

开明书店

封面　丰子恺

愛的教育
亞米契斯著
夏丏尊譯
開明書店印行

《爱的教育》一生爱

夏丏尊是在春晖中学任教时开始翻译《爱的教育》的。

这是一部日记体的小说，由九十一篇日记和九篇教师的“每月例话”组成。每译完一篇，夏丏尊都要让春晖中学的同事刘薰宇、朱自清等当“第一读者”，并反复叮嘱他们：“务尽校正之劳！”待大家看完基本定稿后，才轮到丰子恺来阅读，思考怎样完成夏老师布置的任务——为译作配上合适的插图，以及设计《爱的教育》的封面。

《爱的教育》先是在《东方杂志》上连载，再由商务印书馆出单行本，后又改由开明书店出版。当时开明书店刚刚成立不久，《爱的教育》是书店出版的第一批图书之一。这本书是由开明书店老板章锡琛亲自担任校对。在校对过程中，章锡琛也大受此书感染。他在“校毕赘言”中这样写道：“夏先生说曾把这书流了泪三日夜读毕，翻译的时候也常常流泪，我知道这话是十分真确的。就是我在校对的时候，也流了不少次的泪；像夏先生这样感情丰富的人，他所流的泪当然要比我多。他说他的流泪是为了惭愧自己为父为师的态度。然而凡是和夏先生相接，受到夏先生的教育的人，没有一人不深深地受他的感动，而他自己还总觉得惭愧；像我这样不及夏先生的人，读了这书又该惭愧到什么地步呢？”

《爱的教育》为开明书店开了一个好头，一版再版，一直印到数十版仍在热销，它为开明书店的进一步发展积累了资金，也给老板章锡琛与其他参与的作者同仁增强了信心。

丰子恺为《爱的教育》设计过两个不同的封面，插图也是不同的两套插图。前一个版本有插图十四幅，后一个版本的插图为十幅。两种版本相比较，前一个版本的签名都是圆圈中一个“恺”字，后一个版本签名都是“TK”。从绘画风格来看，“恺字版”明显是丰先生早期漫画的风格——线条更为洒脱自如，意到

笔不到，人物大多不画眼睛；而“TK 版”就显得有点拘谨、恭敬、细致。

在民国时期，中国社会正经历变革，教育也同样在酝酿变革。夏丏尊对旧的教育理念极其不满，他在《爱的教育》的序言中写下：“学校教育到了现在，真空虚极了。单从外形的制度上方法上，走马灯似地更变迎合，而于教育的生命的某物，从未闻有人培养顾及。好像掘池，有人说四方形好，有人又说圆形好，朝三暮四地改个不休，而于池的所以为池的要素的水，反无人注意。教育上的水是什么？就是情，就是爱。教育没有了情爱，就成了无水的池，任你四方形也罢，圆形也罢，总逃不了一个空虚。”

直到现在，《爱的教育》已经出版有几十个不同译本，而夏丏尊翻译丰子恺设计封面并作插图的版本，仍然是影响深远的、大受欢迎的版本，因为这是两位大师带着情、怀着爱来从事这项工作的。

屠格涅夫生平及其作品

黄源　编

1929年11月

华通书局

封面　丰子恺

屠格涅夫生平及其作品
黃源編
上海華通書局發行

黄源与“乌毡帽事件”

《屠格涅夫生平及其作品》一书出版于 1929 年 11 月，丰子恺为之设计封面。编者黄源出生于 1905 年，这本书出版的时候，他才二十四岁。黄源是浙江海盐人，他 1938 年参加新四军，历任华中鲁迅艺术学院教导主任，华东行政委员会文化部副部长，浙江省委文教部副部长，浙江省文化局局长，中国鲁迅研究会、茅盾研究会副会长，中国作协名誉副主席等职务。

黄源在浙江上虞春晖中学读书时，是丰子恺的学生，思想比较进步，而春晖中学与地方当局错综复杂的斗争，最终聚焦到黄源同学身上。

春晖中学的办学理念，是发展个性、思想自由、学生自治。这种先进的办学理念受到地方政府的关注。他们逐渐介入学校的管理，提出反对意见，并要求在校内增加国民党“党义”课程，还要求学生学唱国民党“党歌”。负责音乐课的丰子恺率先进行了抵制：学生们有这么多李叔同的好歌曲可以唱，哪里用得着来学什么“党歌”？这一抵制成了学生与校方冲突的导火线。到 1924 年深冬的一天又发生了“乌毡帽事件”，学生与校方的冲突正式爆发。

所谓“乌毡帽事件”，发生在学生出早操时，黄源上体育课时戴了一顶乌毡帽，就是绍兴当地人平时戴的那种黑毡帽。体育老师认为这不成体统，勒令黄源除去帽

子。黄源不从，说学校并没有这方面明确的规定，师生由此发生争执。校方坚持要处分黄源，舍务主任匡互生力争无效，愤而辞职。于是全体学生罢课，校方开除了积极参与罢课的二十八名学生，并宣布学校提前放假。此举激起教师的公愤，朱光潜、丰子恺、夏丏尊、朱自清、刘薰宇等提交辞呈。他们告别春晖中学，到上海建立了一所全新的学校，一所能实现他们治学理想的学校。老师们一走，学生们也纷纷退学，追随老师们来到上海，在新创办的立达中学就读。这些学生当中，就有“乌毡帽事件”的当事人——黄源。

中国青年（第121期）

1926年5月30日

封面　丰子恺

中國青年

中国青年（第126期）

1926年6月10日

封面　丰子恺

中國青年

本期目錄

近來頗有些妄言家

悼唐際盛同志

介紹河南紅槍會

這就是『反動教育』

狗咬（短劇）

我們的時代

本刊對於讀者的兩個要求

第六卷第一號

（第一二六期）

一九二六年六月十日出版

偶然的合作　永久的记忆

1926年5月，中国社会主义青年团机关刊物《中国青年》第121期的封面上，破天荒地刊登了一幅丰子恺画的漫画。说破天荒是因为《中国青年》自1923年创刊以来，从来没有用绘画作封面的，这一期《中国青年》不仅封面设计形式上特别，而且内容也很特别，是“五卅纪念周年刊”，这形式与内容两相结合的“特别”，是《中国青年》杂志编创历史上特别值得关注的事情。

丰子恺这幅漫画名为《矢志》，一座佛塔高耸入云，塔刹却插了一支箭，箭和塔的比例不那么写实，夸张的箭，仿佛要刺透塔刹，直上云天，让人感到一种强大的张力。这幅画取材于历史上“射塔矢志”的故事。史书记载：唐代青年将领南霁云突出敌军包围，向贺兰进明求救。贺兰不肯出师相救，但欣赏南霁云之壮勇，“强留之，具食与乐，延霁云坐”。面对美食，还有席前的美女歌舞，南霁云说了一番大义凛然的话，说完便踏镫上鞍，策马离去。出城前拔箭射向佛塔，箭直奔塔身而去。南霁云厉声说道：“此矢所以志也。”古来有“折箭为盟”，而南霁云是“射箭立誓”，不愧为“威武不能屈、富贵不能淫”的志士英雄。

丰子恺选了这样的历史典故为画题，又用了特写与夸张的手法，画面只出现射在塔刹的箭，给人以强力的视觉冲击。《中国青年》特意用这幅画作封面，用意是很明确的。

这期《中国青年》在“编辑后记”中说：“在这样一个有价值的严肃的五卅周年纪念期，我们有意供献读者以若干有意义的物事。我们要使读者都能明了过去一年革命民众奋斗的工作，要使读者能从这些实际奋斗中切实认识五卅运动在各方面的意义，再要使读者从这里面认清我们今后应走的道路。供献这些物事的责任，我们都交给了这个特刊。我们希望这个特刊能担负他的使命。”

主编还在《编辑以后》里特地谈了这期封面的事：“这期的封面是特别请丰子恺君为我们画的，特在此表示我们的谢意。这画的含意是唐张巡部将南霁云射塔‘矢志’的故事，我们希望每一个革命的青年，为了被压迫民族的解放，都射一枝‘矢志’的箭到‘红色的五月之塔’上去。为什么是红色的五月，因为是为了纪念‘五卅运动’，纪念在‘五卅运动’中流血牺牲的烈士。这幅画就是号召广大青年来纪念‘五卅运动’，发扬五卅精神。”

接着，在1926年6月的《中国青年》第126期封面上，再一次出现了丰子恺的画，与上次不同，这次画面回到了射箭矢志的人物，一个青年战士骑在一匹战马上，意气风发，挽弓搭箭，准备发射。这幅画也可看作是上一幅的延续，仍是激励青年为民族命运奋斗。丰子恺的第二幅画从第126期到第146期，整整刊登了二十一期，其中包括第139期的“十月革命号”，都被《中国青年》作为封面画，一直用了半年之久，这可以说又是一种“破天荒”了。

看了丰子恺的封面画，了解了这段史料的很多人，可能会产生疑问，《中国青年》是共青团中央的杂志，而丰子恺是追求生活情趣的画家，与激情燃烧的革命团体并不是完全同路的，但历史事实就摆在面前，《中国青年》约稿，丰子恺供稿，他们二者确实有过这么一段缘分。那么这段缘分是从哪里来的呢？这要分别从《中国青年》和丰子恺两端来说。

《中国青年》创办人与编辑者为恽代英，他是无产阶级革命家，中国共产党早期青年运动领导人之一。值得注意的是他在1923年出任上海大学教授，还担任过教务长。上海大学成立于1922年10月，是国共第一次合作的产物。中国共产党派遣了多位重要领导与骨干参与组建，上海大学一度成为党在上海地区重要的革命活动据点和宣传阵地。陈望道在其晚年的回忆录中写道："西摩路（今陕西北路），也就是当时上海大学校址，是'五卅运动'的策源地。5月30日那天，队伍就是在这里集中而后出发到南京路去演讲。"当时上海大学还聘请了社会上许多有名望的教师，丰子恺也在其中，可见上海大学对丰子恺的人品和学识是赞赏的。

没过几年，"大牌"师资云集的上海大学，已是闻名国内，当时社会上流传着"武有黄埔，文有上大"的说法。《中国青年》的主要编辑恽代英与丰子恺当时在上海大学是同事，上海大学还有一位教师杨贤江，他既是丰子恺在浙江省立第一师范学校的学长，又与丰子恺先后在春晖中学与上海大学共同执教，且杨贤江又曾协助恽代英编辑《中国青年》，是恽代英非常亲密的战友。"五卅"惨案震惊了世界，有良知的知识分子都不可能无动于衷。"五卅"惨案发生后，丰子恺的好朋友沈雁冰、郑振铎、朱自清等人都写了声讨文章与诗歌。恽代英、杨贤江打破《中国青年》封面从来不刊登绘画的惯例，在纪念"五卅"周年特刊的封面上做文章，邀约在社会上有影响力的丰子恺创作封面画，以加强宣传力度。

丰子恺慨然应约，连连供稿，这完全顺情顺理。大家爱国反帝，同仇敌忾，就这样"缘"的两端走到了一起，"偶然"在这里变成了"必然"，最终成就了丰子恺为《中国青年》画的两张封面漫画。这两幅画，给我们留下了珍贵的红色史料。当年为《中国青年》画封面的时候，丰子恺也只有二十八岁，他用两幅封面画鼓励广大读者，同时也激励了他自己。

立达

1926年6月

封面　丰子恺

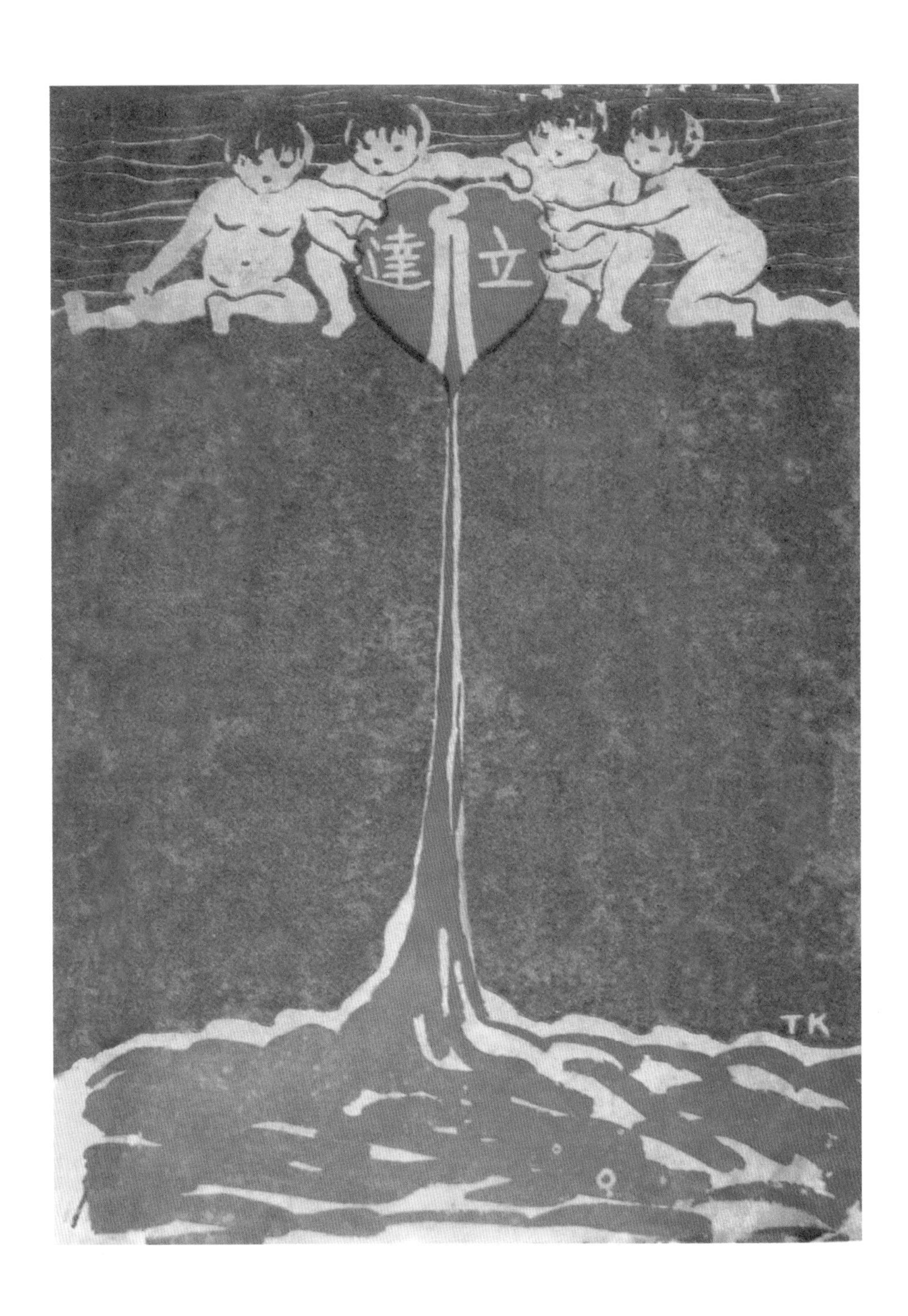
立達
TK

立达学园一览

1926年

封面　丰子恺

LI-TA ACADEMY, KIANGWAN, SHANGHAI, 1926

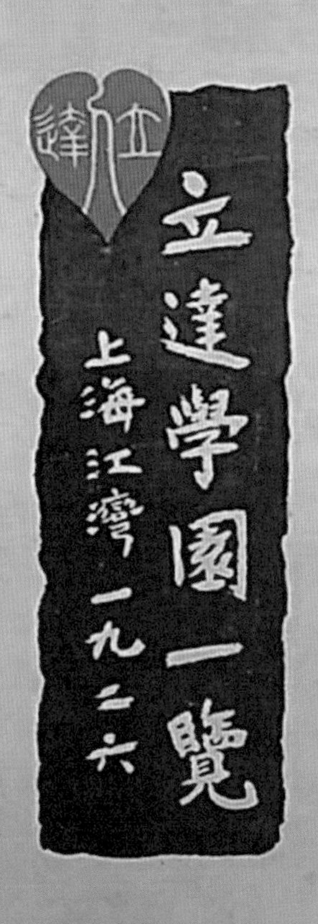

立人达人创学园

春晖中学的老师们辞职后来到上海创办立达中学。为筹措办校资金，匡互生与朱光潜马不停蹄地从上海北上募集款项。他们持教育总长易培基的介绍信，到天津找到前总统黎元洪募捐。没想到黎元洪只肯捐二十元。他们又去了北京，由国民党元老吴稚晖与易培基陪同到协和医院拜访孙中山先生。病中的孙中山认真听取了匡互生关于建校的详细介绍，慨然允诺捐助七百元。但不久孙中山便病逝了，立达中学的筹款计划也就此落空。

匡互生与朱光潜回到上海，眼看开学在即，老师们陆续来到上海，一批批学子也已办理了退学手续，跟着老师们的脚步来到上海继续学业，而办学的经费却仍然没有着落。紧要关头，丰子恺拿出了卖掉白马湖畔小杨柳屋的七百元钱，随后，匡互生也卖掉祖传的少量田地，再加上其他一些捐款，凑了一千余元，立达中学就在租借的民房里开学了。当时，丰子恺和匡互生都是几个孩子的父亲，都有养家的需求，但为了立达，他们都选择了倾其所有。

半年以后，立达中学在江湾建造新校舍。匡互生将尚未建成的校舍作抵押，向银行贷款，再向同事们借款，建成了新校园。由于学校建造欠下款项，立达的教员都刻苦省俭，每月只领取二十元薪酬，如不够养家糊口，就到其他学校兼课。前来讲学的不少学者也都是免费的。这样艰苦数年以后，才把这笔债还清。

学校迁入新校舍以后，立达中学更名为立达学园。立达这个名字，取自孔子的《论语》："己欲立而立人，己欲达而达人。"这次学校不称中学而改称学园，匡互生认为，学生好比幼苗，这里新建的学园就是他们自由发展、健康成长的园地。立达学园是不设校长的，匡互生虽然全面主持校务工作，但他并没有自任"校长"，师生们仍是亲切地叫他"匡先生"。立达学园也没有什么校规，在这里实施的是人格感化教育。匡互生在立达学园还开设了"实践道德"

课程，并亲自讲授做人的道理：知识是最重要的，但授予知识并不是学校唯一的重要使命。如果能使学生树立远见，养成优良品质，做一个真正的人，那么，教育就是成功的。

和春晖中学一样，立达学园汇集起了一大批文化精英人物。除了匡互生、夏丏尊、朱自清、丰子恺、刘薰宇、方光焘等在白马湖任教的同人外，先后在立达学园任教和讲课的还有鲁迅、夏衍、陈望道、茅盾、叶圣陶、郑振铎、胡愈之、刘大白、陈之佛、周予同、夏承焘、陈抱一、裘梦痕、刘叔群、陶元庆、黄涵秋、丁衍庸、许杰、关良、周为群、陶载良等。在这些第一流教师和学者的教导下，学员们的学习成绩突飞猛进。当时上海的中学实行全市统考，第一次考试立达排在第十二名，第二次上升到第八名，第三次一跃而名列第三。

自 1925 年到 1929 年，丰子恺在立达教图画课，还负责立达的校徽和图书的封面设计。立达学园的刊物《一般》杂志，也是由丰子恺担任美编，在期刊的扉页上，有丰子恺风格独特的漫画，文章的开头与结尾，也有他的题头画和类似尾花的小漫画。

音乐入门

丰子恺　著

1926年10月初版　1937年5月十五版

开明书店

封面题字　丰子恺

音樂入門

豐子愷著

開明書店出版

音乐入门

丰子恺　著

1926年10月初版　1932年12月订正十一版

开明书店

封面题字　丰子恺

音樂入門
上海開明書店印行

《音乐入门》

引领一代音乐人

丰子恺是一位音乐理论家、音乐教育家。

早在 1926 年，丰子恺出版了他著作中发行量较大、重版次数较多、社会影响深远的一本书——《音乐入门》。这本书自 1926 年初版至 1948 年，已经印制了二十四版；新中国成立后，又在北京、上海两地音乐出版社一版再版，1957 年上海音乐出版社的版本是经过丰子恺亲手修订过的新版本。

《音乐入门》全书包括上、中、下三编，上编是音乐序说，包括音乐之门、音乐观念的准备；中编是乐谱的读法，包括谱表、音符、拍子、音阶、音程、记号和术语；下编是唱歌演奏法，包括唱歌入门，钢琴入门和小提琴入门。这本书原为丰子恺在上海立达学园讲授音乐时的讲义，后由开明书店正式出版。

《音乐入门》对一代代音乐人都产生过影响。中央乐团著名指挥家李德伦、上海交响乐团作曲家朱践耳，都谈起过是通过阅读这本《音乐入门》而跨入音乐殿堂的。上海音乐学院丁善德院长在他的《从为丰子恺先生〈音乐入门〉重版作序说起》一文中说：

> 丰子恺先生所著《音乐入门》一书，是 1926 年 10 月由上海开明书店出版发行的。我当时是一个爱好音乐的初中学生，阅读了这本浅显易懂的音乐基本理论书籍，使我获得了初步的乐理知识，这才得以于 1928 年考取了全国惟一的音乐学府上海国立音乐院，从此走上了音乐之路。是《音乐入门》这本书引导我进入了音乐之门，因此我至今仍然十分感激丰子恺先生在那音乐沙漠的年代，写出这本通俗易懂的音乐启蒙书，使千千万万中小学生获得了初步的音乐知识。

《音乐入门》这本书初看不起眼，是本才一百六十页的小册子，为什么能在中国音乐史上占有一席之地呢？丰子恺的次子丰元草在谈到《音乐入门》时说：“《音乐入门》的浅显通俗，是其写法不同一般，使用文学的、形象的笔法。如在讲上行、下行音阶时，把上行的‘1 3 5 1̇’说成是‘乘风破浪、排山倒海’，而把下行的‘1̇ 5 3 1’说成是‘雨过天晴、烟收云散’。”由此可见，这些文学上的比喻，让这本书的表述更加形象、更有魅力，更容易为音乐爱好者所接受。

子恺画集

丰子恺　绘

1927年2月

文学周报社

封面　丰子恺（丰陈宝　题　丰宁馨　绘）

子愷畫集

读画如嚼萝卜干

《子恺漫画》出版后，销售与社会反响热烈，因此仅仅一年零一个月后，丰子恺的第二本《子恺画集》问世了。这本书的封面题字由丰子恺的大女儿丰陈宝题写，封面画出自三女儿丰宁馨之手。这两个女儿是丰子恺漫画中的人物——“阿宝”与“软软”，那一年，阿宝七岁，软软仅五岁。

《子恺画集》前有马一浮手书前文，还有丰子恺的随笔名篇《给我的孩子们》作代序：“我的孩子们！我憧憬于你们的生活，每天不止一次！我想委曲地说出来，使你们自己晓得。可惜到你们懂得我的话的时候，你们将不复是可以使我憧憬的人了。这是何等可悲哀的事啊！……”最后是朱自清的《〈子恺画集〉跋》。

《子恺画集》共收漫画六十三幅，分两部分：第一部分为儿童相，画的对象为丰子恺的儿女，如《阿宝》《瞻瞻底车》《瞻瞻底梦》等；第二部分社会相、学生相均有，还有十幅为模仿日本画家蕗谷虹儿的笔调创作的，如《挑荠菜》《断线鹞》《卖花女》等。蕗谷虹儿是日本抒情画家、插图画家和诗人，与丰子恺同岁。鲁迅对蕗谷虹儿推崇备至，因此他在中国的知名度颇高。丰子恺在日本“游学”期间，就对竹久梦二、蕗谷虹儿和北泽乐天的漫画技法深感兴趣。

这本画集没有收入丰先生十分喜爱的“古诗新画”。朱自清在《〈子恺画集〉跋》中这样评说：

> 这一集和第一集，显然的不同，便是不见了诗词句图，而只留着生活的速写。诗词句图，子恺所作，尽有好的；但比起他那些生活的速写来，似乎较有逊色。第一集出世后，颇见到听到一些评论，大概都如此说。本集索性专载生活

的速写，却觉得精采更多。还有一个重要的不同，便是本集里有了工笔的作品。子恺告我，这是“摹虹儿”的。虹儿是日本的画家，有工笔的漫画集；子恺所摹，只是他的笔法，题材等等还是他自己的。这是一种新鲜的趣味！落落不羁的子恺，也会得如此细腻风流，想起来真怪有意思的！集中几幅工笔画，我说没有一幅不妙。

叶圣陶在后来的一篇文章《子恺的画》里也表达了同样的想法，他说：

> 隔了一年多，子恺的第二本画集出版了，书名直截了当，就叫《子恺画集》。记得这第二本全都从现实生活取材，不再有诗句词句的题材了。当时我想过，这样也好，诗词是古代人写的，画得再好，终究是古代人的思想感情。“旧瓶”固然可以“装新酒”，那可不是容易的事，弄得不好就会落入旧的窠臼。现实生活中可画的题材多得很，尤其是子恺，他非常善于抓住瞬间的感受，正该从这方面舒展他的才能。

和第一本《子恺漫画》一样，这本书也得到了读者与媒体的重点关注。1930

年 2 月 6 日的《益世报》刊载文章《谈丰子恺的画》，作者为三三出，写得十分有趣。文章说："看他的第一部集子，几是品茶，从清淡中感到一种远意。看第二部集子，犹如嚼萝卜干，嚼时很脆，咽了下去，打起嗝来，还得吃口香糖。那几幅'教育''检查'之类，想必都是他红着眼睛画的……"

读画而打嗝，也真是一种奇特的回味！

伴侣

童话概要

赵景深　著
1927年7月
北新书局
封面　丰子恺

童話概要
趙景深著
北新書局

童话论集

赵景深　著

1927年7月

开明书局

封面　丰子恺

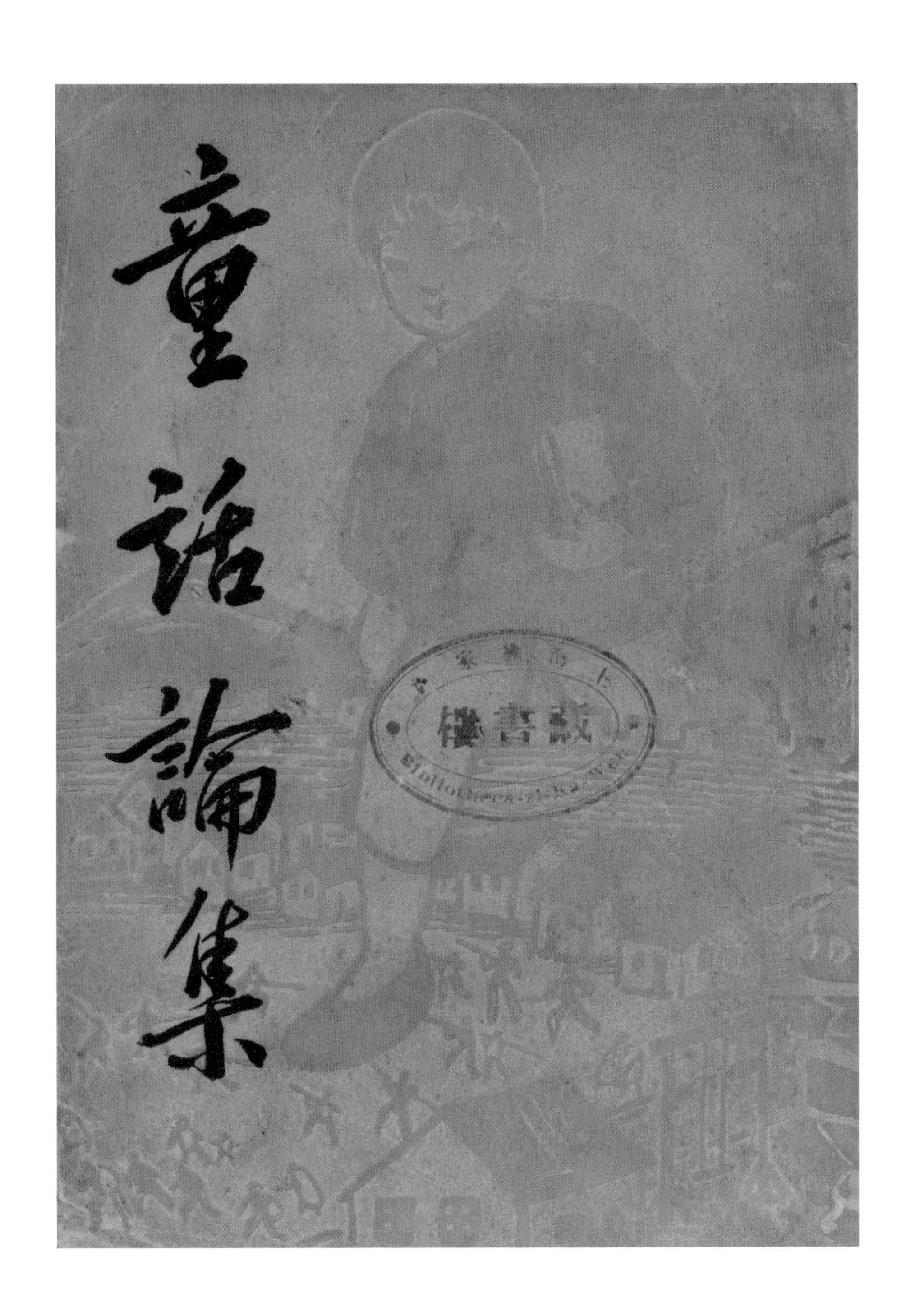
童話論集
上海徐家匯
藏書樓
Bibliotheca-Zi-Ka-Wei

中国文学小史

赵景深　著

1928年1月初版　1929年7月五版

上海光华书局

封面　丰子恺

中國文学小史
趙景深著
鄭麟同藏
十九年
TK

同是童话世界人

丰子恺与赵景深

以往为图书做书衣装帧的设计者，在图书封面、扉页以及版权页上，一般都是不署名的，设计者堪称无名英雄。而赵景深却不然，在他的《童话概要》的扉页上，赫然并列着三行：赵景深著；北新书局印行；丰子恺先生绘书面。现在我们看到的赵景深《中国文学小史》《童话概要》的封面画上，就写有丰子恺的笔名“TK”。尽管在右下方不显眼的地方，字也很小，但稍加留意还是看得清楚的。

赵景深在《海上集》中回忆丰子恺说：“为了我自己的《中国文学小史》《童话概要》和《童话论集》请他画封面，专诚去拜访了他几次。”赵景深知道丰子恺是最喜欢田园和儿童的，这次去拜访时，他特意买了一本描写田园和小孩最多的米勒的画集送丰子恺，还选择了一盒玻璃纸上印着美丽女孩肖像的巧克力糖，带给丰子恺的孩子们。“当时我与他谈了些什么，现在已经不能回忆起；但知他的态度潇洒，好像随意舒展的秋云。”

赵景深祖籍四川宜宾，生于浙江丽水。少年时在安徽芜湖读书，因家境贫寒才报考所有学杂费等一律免费的天津棉业专门学校。但他的一生似乎与棉业没啥关系，后来通过他的刻苦努力自学，倒是与翰墨文章结下了不解之缘。他组织过新文学社团，担任过报纸、书店的编辑，也主编过文化专业杂志，又在好几家大学、专科学校、中学里站讲台执教鞭。新中国成立后一直在复旦大学任教。

赵景深受父亲影响，从小酷爱文学，尤其喜欢童话。在中学读书时，开始陆续翻译童话故事。1924 年他翻译的安徒生童话《皇帝的新衣》《火绒匣》《白鹄》等，发表在商务印书馆的《少年杂志》上，是较早把安徒生作品介绍给中国读者的翻译家。除了翻译外，他还进行童话创作和童话研究。1927 年他的《童话概要》出版，该书对童话的意义、童话的转变、童话的来源、童话研究的派别、童话的人类学解释、童话的分系与分类等进行了详细论述，是他童话学研究方面的学术代表作。1928 年赵景深出版了《中国文学小史》，出版后引起学术界的轰动。著名诗人、学者闻一多曾致函赵景深，对这本书评价极高，将其比作美国文学史家约翰·玛西的《世界文学史》。

丰子恺与赵景深有许多相同、相通之处。丰子恺十六岁在《少年杂志》上发表了署名丰润的四篇文言文寓言：《猎人》《怀夹》《藤与桂》和《捕雀》。赵景深十八岁在同一家《少年杂志》上发表童话处女作《国王与蜘蛛》。他们两人都曾加入文学研究会；都曾在上海大学任教；1925 年还在立达学园成为同事；都曾当过开明书店编辑。

丰子恺爱孩子是出了名的，为儿童画漫画、翻译、创作故事；赵景深也一样，他从小酷爱童话，是我国童话文学的早期开拓者。他们是一对志同道合的文化人，尤其在童话领域，所以赵景深为了自己的书去拜访丰子恺，丰子恺也乐意为他画封面。在当时可以讲赵景深的童话论著要请人画封面，除了丰子恺还真不作第二人想。因为他们“同是童话世界人”。

1975 年丰子恺去世。赵景深比丰子恺小四岁，近八十高龄的赵景深在 1980 年曾作《赞高贤丰子恺先生》歌，现全歌录下，以此来纪念丰子恺和赵景深两位大师。

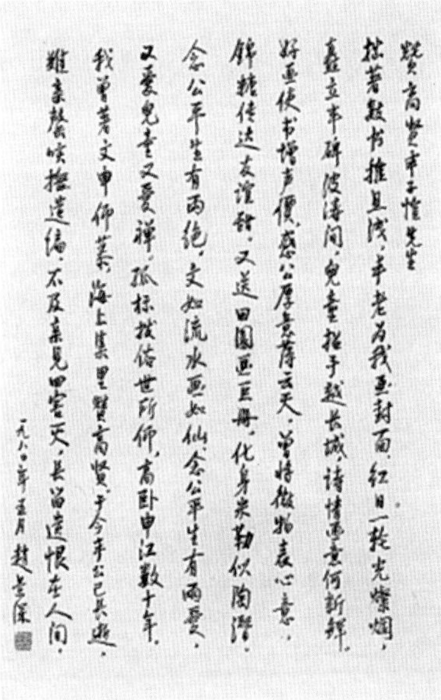

拙著数书稚且浅，丰老为我画封面。
红日一轮光灿烂，矗立丰碑波涛间。
儿童招手越长城，诗情画意何新鲜。
好画使书增声价，感公厚意薄云天。
曾将微物表心意，锦糖传达友谊甜。
又送田园画巨册，化身米勒似陶潜。
念公平生有两绝，文如流水画如仙。
念公平生有两爱，又爱儿童又爱禅。
孤标拔俗世所仰，高卧申江数十年。
我曾著文申仰慕，海上集里赞高贤。
于今丰公已长逝，难亲謦咳抚遗编。
不及亲见四害灭，长留遗恨在人间。

国木田独步集

| 国木田独步　著　夏丏尊　译
| 1927年8月
| 开明书店
| 封面　丰子恺

國木田獨步集
夏丏尊譯

民国禁书《国木田独步集》

民国时期，国民党当局对意识形态的控制是相当严厉的，丰子恺的老师夏丏尊有两部翻译作品——《爱的教育》和《国木田独步集》，都成了当局控制的对象。对于这种控制，鲁迅深有感触，鲁迅的作品不但被禁止，他甚至还成为国民党浙江省党部的通缉对象。

夏丏尊不是政客，也很少参与政治，他只是个关心教育事业与从事翻译工作的正直的知识分子，然而他的译著《爱的教育》和《国木田独步集》，却颇为滑稽地成了国民党实行文化专制的牺牲品。鲁迅曾为此而鸣不平。1933年11月3日，鲁迅在给郑振铎的信中说："连《国木田独步集》也指为反动书籍，你想怪不怪。"1933年11月14日，鲁迅在给日本友人山本初枝的信中说："上海依然很寂寞，到处呈现不景气，与我初来时大不相同。对文坛和出版界的压迫，日益严重，什么都禁止发行，连亚米契斯的《爱的教育》，国木田独步的小说选集也要没收，简直叫人啼笑皆非。我的作品，不论新旧，全在禁止之列。当局的仁政，似乎要饿死我了事。"1933年12月5日，鲁迅在杂文《上海所感》中揭露这种文化专制主义时，再次说到了夏丏尊的译著："犯禁的书籍杂志的目录，是没有的，然而邮寄之后，也往往不知所往。假如是列宁的著作罢，那自然不足为奇，但《国木田独步集》有时也不行，还有，是亚米契斯的《爱的教育》。不过，卖着也许犯忌的东西的书店，却还是有的，虽然还有，而有时又会从不知什么地方飞来一柄铁锤，将窗上的大玻璃打破，损失是二百元以上。”

国木田独步是日本小说家、诗人，《国木田独步集》一共收有夏丏尊翻译的五个短篇小说，分别为：《牛肉与马铃薯》《疲劳》《夫妇》《女难》和《第三者》，夏丏尊还写了导言《关于国木田独步》，他说：这本集子所收的五个短篇，是国木田独步近百篇短篇中比较有名的杰作。独步写的是小说，而他骨子里却是一个诗人，一个英国诗人华兹华斯的崇拜者。

丰子恺为《国木田独步集》设计了封面，“子恺漫画”中的一些要素一如既往地保留着，有柳树，有猫。在这个静谧的圆形画面中垂着一些柳枝，枝叶间挂着一钩弯月；柳树下是剪影般的屋子，从窗口可以窥见，有人在夜读，亦或独酌？

护生画集

丨 丰子恺　绘　弘一法师　书

丨 1928年2月初版　1929年7月再版

丨 开明书店

丨 封面　弘一法师　题　丰子恺　绘

護生畫集

光明画集

丨 丰子恺 绘 吴契悲 编

丨 1931年5月

丨 弘化社

丨 封面 丰子恺

光明畫集

续护生画集

| 弘一法师 书 丰子恺 绘
| 1940 年 11 月
| 开明书店
| 封面 弘一法师 题 丰子恺 绘

續護生畫集

护生画集（英译）

弘一法师　书　丰子恺　绘　黄茂林等　译

1933年8月

中国动物保护会

封面　丰子恺

AHIMSA IN BLACK & WHITE
EDITOR
THE CHINA SOCIETY
FOR THE PROTECTION
OF ANIMALS
—C. S. P. A.—

护生画集正续合刊

丨 丰子恺　绘　弘一法师　书

丨 1941年5月

丨 大法轮书局

丨 封面　丰子恺

護生畫集正續合刊

护生画三集

丰子恺　画　叶公绰　书

1950年2月

大法轮书局

封面　丰子恺

護生畫三集
豐子愷畫
葉恭綽書

《护生画集》

最珍贵的生日礼物

在丰子恺众多的、各个门类的创作中，《护生画集》占有重要的地位。这套书有很多版本，从 1928 年由开明书店初版以来，一共出版了多少个版本，印了多少册，已经很难考证了。

《护生画集》一共六册，作品取材于古今有关戒杀、护生的一些诗文，也有部分诗文为弘一法师撰写。弘一法师圆寂后，丰子恺接手撰写了不少诗文。书法部分第一、第二集由弘一大师书写，第三至第六集的书法作者分别为叶恭绰、朱幼兰、虞愚、朱幼兰。

一、护生画创作的缘起

护生画集创作的缘起，还要从 1927 年说起。这一年秋天，弘一法师来到上海并在丰子恺江湾立达校舍永义里的家里住了约一个月。昔日的师生，如今朝夕相处，似有说不完的话。丰子恺在《缘》这篇文章里写道：

> 每天晚快天色将暮的时候，我规定到楼上来同他谈话。他是过午不食的，我的夜饭吃得很迟。我们谈话的时间，正是别人的晚餐的时间。他晚上睡得很早，差不多同太阳的光一同睡着，一向不用电灯。所以我同他谈话，总在苍茫的暮色中。他坐在靠窗口的藤床上，我坐在里面椅子上，一直谈到窗外的灰色的天空衬出他的全黑的胸像的时候，我方才告辞，他也就歇息。这样的生活，继续了一个月。现在已变成丰富的回想的源泉了。

就是在这一次次的长谈以后，在这一年的10月21日，在丰子恺家一楼的钢琴旁，丰子恺从弘一法师皈依了佛门，法名婴行。丰子恺的三姐丰满亦同日皈依，法名梦忍。皈依后，弘一法师便与丰子恺商量，共同发心编绘《护生画集》。

到弘一法师五十大寿时，丰子恺在弘一大师悉心指导下，完成了五十幅护生画，弘一法师随即配以五十幅诗文，《护生画集》就这样诞生了。书出版以后，受到各界好评，丰先生后来说："画集出版已经十年，销行已达二十万册。最近又有人把画题翻译为英文，附加英文说明，在欧美各国推销着。"

二、一饭之恩与《续护生画集》

1938年抗日战争全面爆发，丰子恺不愿留在敌占区做亡国奴，踏上了逃难之路。一路颠沛流离，他先后来到桂林、重庆等地，以教书谋生。

1938年3月23日，丰子恺从长沙来到汉口。有人告诉他：曹聚仁说《护生画集》可以烧毁了！曹聚仁是丰子恺在浙江第一师范时的同学，也是李叔同的学生。这一句"可以烧毁了"让丰子恺大吃一惊。想起几个月前在浙江兰溪曾与曹聚仁相遇，受曹聚仁邀请吃饭，席上曹聚仁忽然说："你的孩子中有几人欢喜艺术？"丰先生遗憾地答："一个也没有！"曹聚仁断然叫道："很好！"当时丰子恺不解其意，现在才明白原来曹聚仁"很好"的意思，就是"不要艺术""不要护生"，进而提倡"救国杀生"。

丰子恺当即写下《一饭之恩》予以辩驳：

> 现在我们中国正在受暴敌的侵略，好比一个人正在受病菌的侵扰而害着大病。大病中要服剧烈的药，才可制胜病菌，挽回生命。抗战就是一种剧烈的药。然这种药只能暂用，不可常服。等到病菌已杀，病体渐渐复元的时候，必须改吃补品和粥饭，方可完全恢复健康。补品和粥饭是什么呢？就是以和平，幸福，博爱，护生为旨的"艺术"。

到1940年弘一法师六十大寿之际，丰子恺按时绘就了《续护生画集》六十幅寄往泉州，请弘一法师配文。法师收到后给丰子恺回信："朽人七十岁时，请仁者作护生画第三集，共七十幅；八十岁时，作第四集，共八十幅；九十岁时，作第五集，共九十幅；百岁时，作第六集，共百幅。护生画集功德于此圆满。"丰子恺当即复信："世寿所许，定为遵嘱。"此后，无论自己有多艰难，丰子恺都不忘对法师的承诺，按时或提前践诺。

三、《护生画集》第三集的转变

如果说，《护生画集》第一集的内容是戒杀，画面中生灵受到人为伤害或者摧残的画面占较大比率，那么，第二集的《护生画集》则偏重于护生。开始编第三集时，弘一大师已经生西，为了改变曹聚仁等人对《护生画集》的质疑，同时改变人们对佛教消极错误的认识，丰子恺把要旨侧重到"护生即护心"的境界。

"护生即护心"的观点，由马一浮在第一集的序言中最先提出，丰子恺在第三集的序言中予以分析、强调："护生是护自己的心，并不是护动植物。再详言之，残杀动植物这种举动，足以养成人的残忍心，而把这残忍心移用于同类的人。故护生实在是为人生，不是为动植物。"

1948年末，丰子恺来到泉州，凭吊弘一大师圆寂之地，并坐在大师生西的床上留影。当时有一位居士拿出他珍藏的丰子恺致弘一大师信，信中"世寿所许，定为遵嘱"八个字赫然在目。

丰子恺离开泉州，到厦门租借了一间房，整整闭门三个月，完成了《护生画集》第三集的七十幅画。此后，他来到香港，请书画艺术家叶恭绰题写护生诗。两周以后，《护生画集》第三集完成。1949年4月23日，丰子恺携原稿从香港到广州，再从广州飞回上海，迎接上海解放。

四、《护生画集》第五、六集的侥幸出版

六集《护生画集》的创作，经历了漫长的四十六年。后三集中，以第四集的

出版最为顺利，而第五集的出版，原定应该是1969年出版的，丰子恺似有预感，他提早数年开始谋划，在1965年，也就是“文革”开始的前一年就画好了第五集。他请书法家虞愚书写了文字部分，一同寄给新加坡高僧广洽法师。同年9月，《护生画集》第五集就出版了。

第六集也是这样。“文化大革命”开始后，在当时那种混乱的环境下，有关书籍损失殆尽，缺乏画材。一天，他与朱幼兰谈及筹划护生画第六集的事。朱幼兰是丰子恺的一个学生，也是一位虔诚的佛教徒。他毅然同意与丰子恺合作，共同完成护生画的第六卷。朱幼兰从尘封的旧书中找到了一本爱护动物的故事书《动物鉴》，给丰先生送了过来。丰先生立刻动手，认真选材构思，每天清晨天没亮就起身，在昏暗的灯光下伏案作画，这样，既不影响家人，又能够避开经常闯进来的造反派。

经过一个个凌晨，在昏暗的灯光下，一百幅护生画圆满告成。他将画稿交给朱幼兰，低声说：“绘《护生画集》是担着很大风险的，为报师恩，为践前约，也就在所不计了！”朱幼兰深感先生的为人，时时想到别人的安全，唯独不考虑自己的安全，就毛遂自荐说：“我是佛门弟子，为宏法利生，也愿担此风险，乐于题词。”于是，《护生画集》第六集的书画，在艰难的环境下，提前于1973年完成了。再过两年，丰子恺逝世，在安详舍报之前，完成了护生六集的夙愿。

1978年，同为弘一法师弟子的新加坡广洽法师飞到上海，在机场看到丰子恺的女儿丰一吟后，第一句话就问：“你父亲的第六集《护生画集》完成了没有？”当知道完成了，他松了口气。就这样，广洽法师把第六集《护生画集》的原稿带走，并于1979年10月在香港顺利出版了第六集。

让人感动的是，在丰子恺逝世十周年之际，广洽法师从新加坡来到中国。他带来了《护生画集》全部一到六集的四百五十幅绘画和四百五十幅书法，一起捐赠给浙江省博物馆宝藏。

醉
里

罗黑芷　著

1928 年 7 月

商务印书馆

封面　丰子恺

醉裏

文学才子罗黑芷

罗黑芷本名罗象陶，笔名罗黑芷、晋思、黑子，是江西省武宁县人。

《醉里》是一本短篇小说集，出版于 1928 年，而这时罗黑芷已于前一年的 1927 年 11 月因罹患肝癌去世，享年仅 38 岁。这一年，他的长子尚未成年，妻子又身怀六甲。为纪念这位学识渊博、勤于笔耕的文学才子，他的挚友们为他张罗出版了《醉里》和《春日》两本短篇小说集，前者由商务印书馆出版，后者由开明书店出版。在茅盾编的《新中国文学大系 · 小说一集》内，收有罗黑芷的短篇小说《无聊》和《在淡霭里》。郁达夫编的《中国新文学大系 · 散文二集》中，有罗黑芷的《乡愁》和《甲子年终之夜》。

罗黑芷的病因与被国民党关押软禁有关。当时罗黑芷对于国民革命现状不满，多次在长沙的《民报》副刊上撰文予以针砭。这些文字冒犯了当权者，1927 年 8 月，当权者以“共产党嫌疑”的罪名将罗黑芷逮捕，软禁在长沙公安局。后经他的亲朋好友多方营救，到 11 月终于获释。但这时他已积愤成疾，获释以后没多久即病逝于长沙东乡。

罗黑芷与丰子恺同为文学研究会成员，在《小说月报》《文学周报》和《东方杂志》等刊物上，经常可以看到他们的作品。丰子恺用他一贯的简约风格为罗黑芷的《醉里》设计封面。画面上，一个醉汉仰天坐着，慵懒地倚靠着，面庞抬起，长发披覆，可以看出这人已酩酊大醉。书名为丰子恺手书，“醉”字那长长的一竖，把读者的眼光带向酒杯，似再次强调，这人确实已经烂醉了。

开明第一英文读本

林语堂　著

1928年8月初版　1931年8月十版

开明书店

封面　丰子恺

民國十九年二月教育部審定
初級中學學生用
KAIMING
FIRST ENGLISH BOOK
開明第一英文讀本
林語堂著
上海開明書店印行

开明活页文选总目

1931年8月初版

开明书店

封面　丰子恺

開明活葉文選總目
民國二十年八月出版
分店
北平楊梅竹斜街
廣州惠愛東路
瀋陽鼓樓北
漢口湖北街金城里
上海開明書店印行
上海總店
四馬路望平街東首
電話一・三〇六〇
電報掛號七〇五四

开明书店开明人

民国时期上海有三大出版机构最具影响力，他们是商务印书馆、中华书局和开明书店。开明书店创立于 1926 年，成立较晚，论财力和体量都不及前两家，但开明书店坚持进步、坚持文人情怀、坚持教育理想、坚持为青少年服务，一跃成为当时出版界的后起之秀。

章锡琛在创办开明书店之初，得到许多朋友的帮助，凝聚了诸多同路人，如夏丏尊、沈雁冰、郑振铎、叶圣陶、周予同、丰子恺、朱自清、朱光潜、赵景深、金仲华、郭绍虞……犹如群星璀璨，开创了严谨认真出好书的"开明风"。后人评价当时开明人，质朴、笃实、孜孜不倦从事学术研究，把所得的点点滴滴贡献给社会，替下一代青年开了先河。开明书店就这样成为一群志同道合的知识分子实现他们共同文化理想的同仁出版社。"开明人""开明风""开明书"一直被出版界传为美谈。

丰子恺是开明书店创办最初的支持者和发起人。1928 年后改为股份有限公司，丰子恺也成为合伙人。丰子恺与开明书店关系极其密切，他自始至终都是开明人。他的第一本漫画集《子恺漫画》于 1925 年 12 月由郑振铎《文学周报》社出版后，1926 年 1 月就移交给开明书店再版。此后，丰子恺在开明书店陆续出版了许多画册，包括《子恺画集》《儿童漫画》等。开明书店出版的文学作品有《缘缘堂随笔》《缘缘堂再笔》等，以及艺术普及读物《开明图画讲义》《开明音乐讲义》《音乐入门》《少年美术故事》等。丰子恺一生的著作，包括图画集、翻译作品和艺术理论等文艺作品，有数百种之多，超过三分之一的品种都是交开明书店出版的。丰子恺还是与开明密切相关的《一般》杂志、《中学生》杂志的艺术编辑与撰稿人，《新少年》半月刊的主编。

丰子恺始终是开明书店的核心人物和中坚力量，一直担负开明书店新文学书

籍的装帧设计等工作。即使在抗日流亡艰难岁月中，丰子恺与开明书店始终“相伴”在一起。丰子恺女儿丰一吟在回忆录中说道：“爸爸和开明书店的关系是非常深的，哪里有开明书店，我们到那里就有招待我们的地方。”“那是我们的‘外婆家’。”

开明，一个开启民智、昌明文化的出版社，翻开开明的书就能见到太阳——这是丰子恺为开明书店所设计的店徽，寓意书中的知识就像太阳一般明亮。丰子恺把太阳画在开明的店徽上，也把这个太阳画在了心中，他把自己明亮发光的心贡献给了开明书店，贡献给了他一生孜孜不倦追求的文化理想。

丰子恺为开明书店所付出的时间、精力、智慧、才能无从计算，开明书店的每一个重要阶段，都有丰子恺陪伴在侧。章锡琛是浙江绍兴人，他在开明书店成立二十周年的时候深情地说道：“绍兴人有句俗语说‘尼姑婆生妮子，众人服侍’。”这“尼姑婆”就是开明书店，而丰子恺就是众人之中的一位。

金河王

罗斯金 著 谢颂羔 译

1928年10月

开明书店

封面 丰子恺

金河王
童話
謝頌羔譯
豐子愷畫

金河王

罗斯金　著　谢颂羔　译

1928年10月

开明书店

封面　丰子恺（丰陈宝题）

金河王
阿宝题
上海市圖書館藏書
上海市人民圖書館藏書
RUSKIN:
THE KING OF THE GOLDEN RIVER

游美短篇轶事

谢颂羔　著

1933 年 9 月

文瑞印书馆

封面　丰子恺

游美短
篇軼事

谢颂羔与弘一法师的交往

1927 年秋的一天，在丰子恺上海住所“江湾缘缘堂”隔壁的陶载良家里，一桌素斋已准备好，入席的有弘一法师、丰子恺和谢颂羔等人。也许有人会问：弘一法师是佛教徒，丰子恺又是皈依弘一法师的，而谢颂羔，从名字就可知道这是一个基督教徒，他们怎么会坐到一起吃素斋的呢？

原来那段时期弘一法师住在丰子恺家，有一天，一个偶然的机会他从丰子恺家的小书架上拿下一本书随意翻阅，竟被这本书吸引住了。这就是谢颂羔的著作《理想中人》。丰子恺告诉弘一法师谢颂羔是他的朋友，是广学会的编辑。弘一法师早就听说过广学会，知道广学会有许多热心而真挚的宗教徒，其中有位外国教士李提摩太很关心佛法，还翻译过《大乘起信论》。第二天，弘一法师研墨运笔，手书“慈良清直”四字，托丰子恺送给谢颂羔并约他择日一同午餐。于是，这两位佛教徒与基督教徒便坐到了一起，亲切地交谈起来。

谢颂羔与丰子恺一生交往十分频繁。他的许多作品都是由丰子恺画插图画封面的，就连谢颂羔的弟弟谢颂义翻译的安徒生童话《雪后》，也是丰子恺作插画并绘封面。谢颂羔 1928 年 10 月出版的《金河王》，是翻译英国作家、美术评论家罗斯金唯一的一本童话集，丰子恺画了封面画，而外文内封则是丰子恺当时八岁的大女儿丰陈宝题的字。丰子恺为谢颂羔作封面画或者内封与插图的还有《游美短篇轶事》和《理想中人续集：王先生与王师母》《艾迪集》《世

楊民望福建省廈門縣人年二十九歲
一九二一年十二月十六日子時生
豐陳寶浙江省崇德縣人年三十歲
一九二〇年七月十五日丑時生
今由
錢君匋
蔡紹懷先生介紹謹詹於
一九五〇年六月十一日下午四時在
上海青年會舉行結婚典禮恭請
謝頌羔先生證婚嘉禮初成良緣遂締
情歡鵜鰈願相敬之如賓祥叶螽麟
定克昌於厥後同心同德宜室宜家
永結鸞儔共盟鴛牒此證

結婚人 楊民望 豐陳寶
證婚人 謝頌羔
介紹人 錢君匋 蔡紹懷
主婚人 楊忠公 豐子愷
一九五〇年六月十一日

界著名小说选》等。谢颂羔在《我如何得有今日》一文中说：“我与丰子恺先生作了好朋友，他为平民月刊画了许多漫画，这是我的安慰之一。不久拟出一本纪念画册，内中有一部分是丰先生的画。”在谢颂羔1936年6月为《英文短篇论说》（*Why I Love My Country and Others*）写的前言中，他坦承是受到丰子恺的鼓励才写这本书的。书中有三篇文章与丰子恺有关，一篇题名《子恺》（T. K.）；另一篇是《与丰子恺先生享受自然》（*Enjoying Nature with Mr T. K. Fong*），其中谈到了两人的文学观；第三篇《使我高兴的一些事》，写的是帮助丰子恺的大女儿丰陈宝学习英文的事。

与谢颂羔的交往，使丰子恺写就一些随笔名篇。如《缘》就是写弘一法师与谢颂羔上述的交往。随笔《半篇莫干山游记》，写的是与谢颂羔两人从杭州去莫干山的一段经历。他们在莫干山住了两天，与当地的乡民聊天，或听听溪水叮咚，看看鲜红的映山红，还有碧绿的竹与树。丰子恺还为谢颂羔画了许多画，写了不少字。

另外还有一件有关谢颂羔的事不可不记。丰子恺的大女儿丰陈宝结婚晚于二女儿丰宛音。丰宛音是1941年在遵义出嫁的，那时丰子恺还在西迁的浙江大学任教，所以前来参加婚礼的大多是浙大师生，证婚人为丰子恺的好友、当时浙大数学系的主任苏步青。到1950年6月大女儿丰陈宝结婚时，丰子恺原本打算请他的好友梅兰芳作证婚人，因为丰子恺的女儿们是梅兰芳的戏迷，他自己也十分崇敬梅兰芳的高风亮节。但他的女婿杨民望认为，他们一家都是基督教徒，应该按照基督教的仪式举行婚礼。于是，丰先生请来了谢颂羔，让他担任证婚人，丰先生自己担任主婚人。

丰子恺与谢颂羔，一个佛教徒与一个基督徒，他们长期和睦交往，为我们留下了许多精彩的文学作品与美术作品。

从军日记

谢冰莹 著

1929 年 3 月

春潮书店

封面 丰子恺（丰宁馨）

從軍日記

从军日记

内封　丰子恺

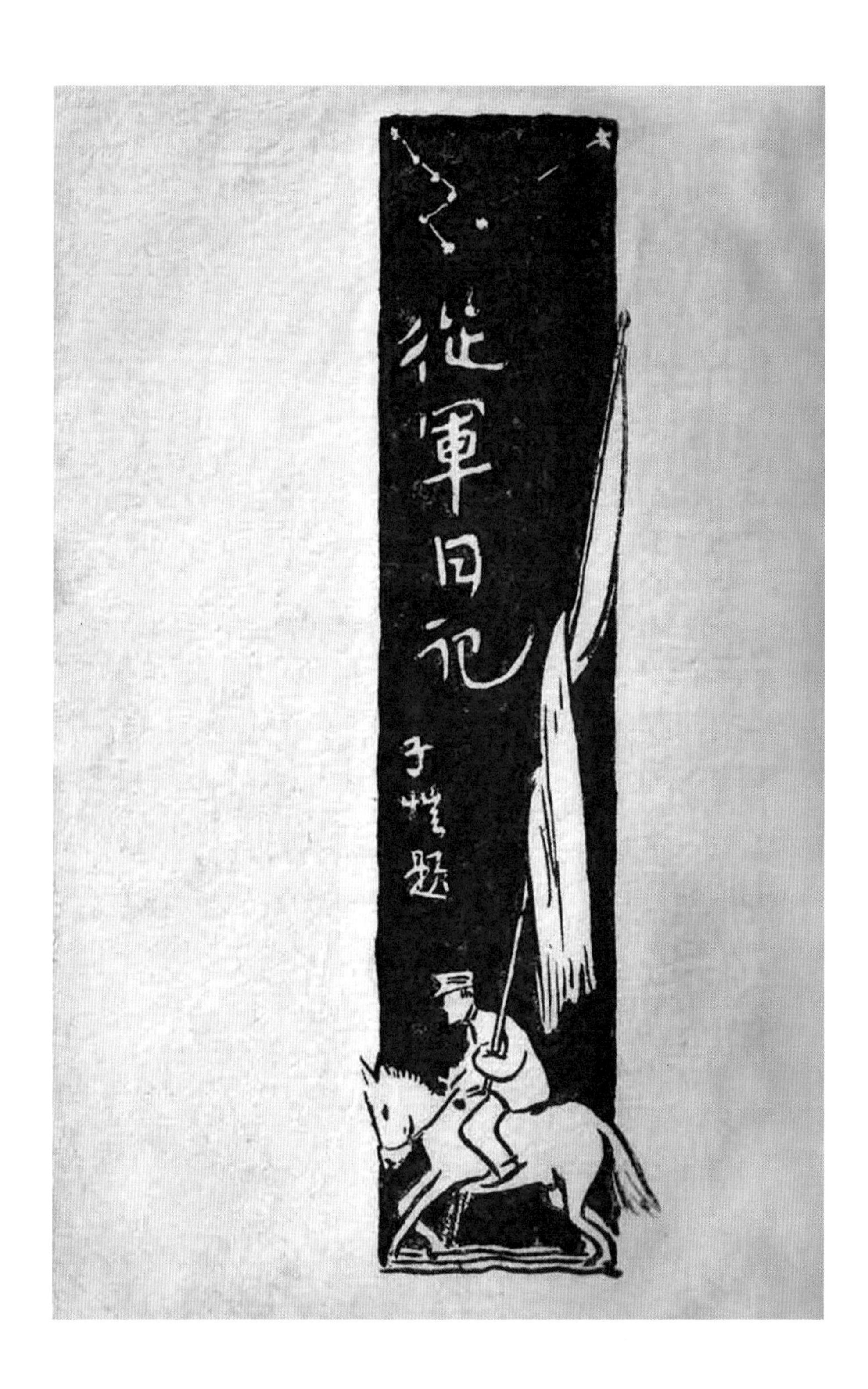
從軍日記
子愷題

菩萨画家与女兵作家

谢冰莹《从军日记》的封面由丰子恺六岁的女儿丰宁馨（小名“软软”）绘制，上海春潮书店出版。1929年3月初版，首印一万册，很快售罄，此后重印多达十九版。

早在谢冰莹就读于湖南省立第一女子师范学校的时候，她就爱看丰子恺的漫画，特别是《花生米不满足》和《妹妹新娘子，弟弟新官人，姊姊做媒人》这一类的儿童漫画。谢冰莹第一次遇到丰子恺，是在1928年的秋天，因为崇拜丰先生，喜欢他的画，就不揣冒昧地写了封信给丰子恺，请他为自己的《从军日记》画封面。丰子恺收到信，就鼓励他的儿女们大胆创新绘画，最后选用了软软的画来作为《从军日记》的封面。封面画的是：在明朗的星空下，五个头戴帽盔的战士，手执兵器和战旗，有一个还骑在一个像是马的动物背上，是个指挥官的样子，他们一个个雄赳赳气昂昂，奔赴战场。

谢冰莹在得知丰子恺答应为她画封面后很高兴，她把这消息告诉了春潮书店的夏康农和方抚华两位先生。他们也很兴奋，方先生还开玩笑说：“好呀，《从军日记》有林语堂先生作序，丰子恺先生画封面，一定纸贵洛阳。”

丰子恺的三女儿软软当时才六岁，她的字和画，天真活泼，稚嫩朴拙，好像与《从军日记》的战场硝烟有很大的反差，但丰子恺就是这样别出心裁，将一个小女孩的封面画与一个女兵作家戎马生涯的日记巧妙融合在一起。难怪当年上海春潮书店的夏康农、方抚华和作者谢冰莹看到这幅封面画作时，都忍不住大笑。谢冰莹更是爱不释手，甚至狂喜地在书前的“关于封面的话”里写道：“哈哈……哈哈……这，是美的笑，爱的笑。”一个六岁小女孩为一个女兵作家写的书画封面，可以说是现代出版史上的稀罕之事。

其实，丰子恺因为担心谢冰莹不能接受小女孩的封面画，当时他寄给谢冰莹的封面是两张，另一张是丰子恺画的封面画。谢冰莹不但接受了六岁小女孩的封面画，同时也不愿意放弃丰子恺的画。这样，这本书就有了两个封面——丰宁馨的封面，以及丰子恺的内封。

谢冰莹是湖南新化人，1906 年出生，是中国现代文学史上首位女兵作家，一位奇女子。她二十岁投笔从戎，1927 年随叶挺的革命军西征，开始创作《从军日记》，一经发表，就引起强烈反响，林语堂将它翻译为英文，法国思想家、文学家罗曼 · 罗兰也写信祝贺并鼓励她。后来她赴日本留学，因拒绝出迎伪“满洲国”皇帝溥仪访日，而被日本特务逮捕。在狱中遭受酷刑。但她大义凛然，英勇不屈，被遣送回国后又第二次更名改姓赴日本留学。全面抗战爆发后，为救祖国危亡，谢冰莹愤而返国组织“战地妇女服务团”，自任团长开赴前线，在火线上救助了大批伤员，并做了大量的宣传鼓动工作。有人这样评价谢冰莹：在现代中国作家群中，“驰骋于沙场，后闯入文坛而名满天下的女作家，至今似乎只有一位谢冰莹”。

后来谢冰莹到西安主编《黄河》月刊，经常请丰子恺赐稿，丰子恺为《黄河》写稿子画插图，每次都是如期寄来，为此谢冰莹非常感激。谢冰莹在《悼念丰子恺先生》一文中道：“说起来，子恺先生和我真是有缘，他在上海、汉口、成都、台湾，每次举行画展的时候，我都在场，得以大饱眼福；没想到一九四九年的春天，我们又在台北的中山堂会到了。”也就是那次在台湾，谢冰莹希望丰子恺能定居台湾，而丰子恺说了个不能留下的理由，是因为台湾少了一个条件——没有黄酒，引起了在场人的大笑，因为与谢冰莹很熟，丰子恺的这句话是带有玩笑和幽默的成分，其实谢冰莹是懂的，她在文中继续说：“的确，那时候，台湾没有什么好酒，除了米酒，就是红露酒，不像现在的台湾，茅台、竹叶青、绍兴酒、高粱、大曲……什么好酒都有，我想他那时不打算长住的真正原因，并不是为酒，而是为了他一大家人出来不容易。”

丰子恺与谢冰莹是有缘的，这缘不仅仅是文墨之缘，二人都还有佛缘。谢冰莹在看了丰子恺的《护生画集》以后，称丰子恺是菩萨画家。对丰子恺用这样的称呼，似乎也只有谢冰莹。丰子恺早在 1927 年就皈依弘一法师，法名“婴行”，而谢冰莹在 1956 年五十岁时也皈依了三宝，法名“慈莹”。

影儿

林憾　著

1929年3月

北新书局

封面　丰子恺

影兒

一位可敬的老人

林憾，即林憾庐先生，本名林和清，是福建龙溪人，作家林语堂的三哥。

林语堂在 1932 年创办《论语》，1934 年创办《人间世》，1935 年又创办《宇宙风》，一大堆刊物的繁杂事务使林语堂深感分身乏术，只得向自己的三哥求助，让他分担编务等工作。后来林语堂去美国，就由林憾庐接办《宇宙风》半月刊。林憾庐把《宇宙风》视为自己的生命，在抗战时期，他带着《宇宙风》迁到广州、桂林等地，在极其困难的条件下坚持办刊。他还成功地转变了《宇宙风》的办刊风格，在刊物上发表了大量关注民族命运的文章。

1942 年 2 月，林憾庐因为办刊长时间辛劳而病逝，他的儿子林翊重接管杂志。林憾庐的好友巴金在《纪念憾翁》一文中说：

> 你的死使神圣的抗战失掉了一个热烈的拥护者，使为正义奋斗的人失去了一个忠实的朋友。你是一个理想家，但你又是实际的人；你是一个虔诚的基督教徒，但你又和非宗教者做了好友。

你在朋友中间发射着光彩，但是你单单为了一件小小的工作就牺牲了生命。

丰子恺是《宇宙风》自始至终的供稿人，他与林憾庐的关系相当密切。在抗日战争时期，林憾庐从广州撤到桂林，丰子恺得以在桂林与林憾庐相见。那是1938年11月，林憾庐曾两次到桂林开明书店，都没有遇见丰子恺。这一天丰子恺特地去林憾庐投宿的大中华旅馆，也没有碰到他。丰子恺折回同乡开办的崇德书店，发现林憾庐正在那里坐等他，两人愉快交谈。丰子恺评价林憾庐是一位可敬爱的态度诚恳的老人。

《影儿》是一本诗集，是林憾庐写给他早亡的三个子女的。开篇是一首题献诗：“我们最深痛的爱，纪念——敬儿，薰儿，珣儿。”诗中这样写道：“我好久不敢哭，/哭我的三个爱儿。/因为恐怕一哭，/将不能够停止。”

近代日本小品文选

谢六逸　译

1929 年 5 月

大江书铺

封面　丰子恺

近代日本小品文選
謝六逸譯
大江書舖刊行

文坛逸话

宏徒（谢六逸笔名） 编

1932年9月

商务印书馆

封面 丰子恺

文壇逸話
宏徒

“漫”中有细

翻看谢六逸的学习经历与兴趣爱好，居然与丰子恺出奇地相似。

谢六逸 1898 年 9 月 27 日生于贵阳，与丰子恺同年，大丰子恺一个多月。谢六逸出生于书香世家，祖父朝燮、父亲森初都是科举出身的“县太爷”；丰子恺四岁时，他父亲乡试中了举人，适逢祖母去世，父亲丁艰在家，丁艰终时科举已废。1917 年谢六逸初中毕业，以优秀成绩考取“官费”留学日本，比丰子恺“游学”日本早三年多。他在中学学习英语又在日本学习日语，这两门外语也是丰子恺着重学习的。在学习方法上，谢六逸有“六字诀”——多读、深思、慎作，这“六字诀”发表在他的《致文学青年》中，以勉励文学青年。丰子恺针对外语学习中的“单语”“文法”“会话”，也有自己的一套“笨办法”，发表在《我的苦学经验》上。

谢六逸对日本古代文学如《源氏物语》等极为赞赏，认为《源氏物语》“文字之美丽，在日本文学里可算是空前的，写景写情，都穷极巧妙”。丰子恺在《我译〈源氏物语〉》一文中说，这本书“很像中国的《红楼梦》，人物众多，情节离奇，描写细致，含义丰富，令人不忍释手。读后我便发心学习日本古文”。

谢六逸与丰子恺一样，擅长并深爱写散文，他说：“所谓小品与随笔，原是‘随笔写成’，在英语里就是 Following the Pen，不拘形式与内容”，他极其喜爱这种“随笔写成”的小品，著有《水沫集》《茶话集》等。

丰子恺为谢六逸的两本书画过封面画。第一本是 1929 年的《近代日本小品文选》，这是谢六逸从日语翻译的，丰子恺的封面设计有很多“日本元素”：远处的富士山，点缀着许多颇为夸张的樱花作为近景。谢六逸很欣赏日本的小品文，他说：“日本的著作家虽然不少皇皇的大作，但始终未能掩蔽这些小品文字的价值。”“《近代日本小品文选》这一本薄薄的小本选集，乃是我的枕边集，对我的写作有若干限度的影响。”

《文坛逸话》的封面画明显是丰子恺漫画的绘画风格。杨群山在《采葑小集》一书中说，丰子恺的这幅封面画，“漫”中有细，同时又是细中有“漫”。画中老者的飘然长须和吸烟者袅袅青烟均清晰可见，人物的眉眼口鼻以至衣褶却又不着一笔，真正是精审谨严、繁简得当，俾人娱目醒心而又回味无穷。在色彩上，这幅封面画除了绿的底色，绿的桌椅，绿的题署，此外便只有黑色墨线了。然而丰先生也正是借助这两种颜色，为读者营造了一个雅静氛围，一股清逸之气溢纸而出。

丰子恺曾在《丰子恺画集〈代自序〉》中用诗歌对自己几十年的绘画创作作出总结：

阅尽沧桑六十年，可歌可泣几千般。
有时不暇歌和泣，且用寥寥数笔传。

寥寥数笔，却又能够传神。这就是子恺漫画的魅力所在。

谷词生活

丰子恺　编著

1929 年 11 月

上海世界书局

谷訶生活
編著者 豐子愷
上海世界書局印行

太阳的恋人

梵　高

谷诃是二十年代的译名，现在翻译为梵高或者凡·高。

《梵高生活》是生活丛书中的一本。这套丛书包括《孙中山生活》《孔子生活》《杜甫生活》《康德生活》《达尔文生活》等。《梵高生活》全书共分五章，再加一篇序言。其中，第一章“序曲”为梵高三十七年世间生活的一个整体概括，第二章“准备时代”、第三章“荷兰时代”、第四章“巴黎时代”和第五章“南国时代及最后”。

丰子恺在 1929 年以《梵高生活》向国人介绍西洋印象派画家梵高的一生。有人不禁提出，梵高与丰子恺，一个是狂热的，激情的；一个是淡然的，超脱的；一个是西方的，一个是东方的；一个是基督徒，一个是佛教徒；由丰子恺率先来系统介绍梵高的一生，本身就蕴藏着诸多看点。

其实，丰子恺对生活和艺术也同样是执着的、激情的甚至狂热的。丰子恺创作漫画，往往像写随笔和画速写那样：“乘兴落笔，俄顷成章。”他在《随笔漫画》一文中说：“我们石门湾水乡地方，操舟的人有一句成语，叫做‘停船三里路’。意思是说：船在河中行驶的时候，倘使中途停一下，必须花去走三里路的时间。因为将要停船的时候必须预先放缓速度，慢慢地停下来。停过之后再开的时候，起初必须慢慢地走，逐渐地快起来，然后恢复原来的速度。这期间就少走了三里路。三里也许夸张一点，一两里是一定有的。我正在创作的时候你倘问我一句话，就好比叫正在行驶的船停一停，我得少写三行字。三行也许夸张一点，一两行是一定有的。我认为随笔不能随便写出，理由就如上述。漫画同随笔一样，也不是可以‘漫然’下笔的。”

这和梵高的创作略微相同。丰子恺称梵高为“太阳的恋人”，在太阳下作画的梵高“以火向火”。梵高是一个热烈的、充满激情的人，他无时不刻都在激情中燃烧。梵高仅仅活了三十七个年头，然而，他却在世界美术史上划下了重要的一笔。

《新学制卫生教科书》

商务印书馆

《新学制珠算教科书》

商务印书馆

《新时代国语

商务印书馆

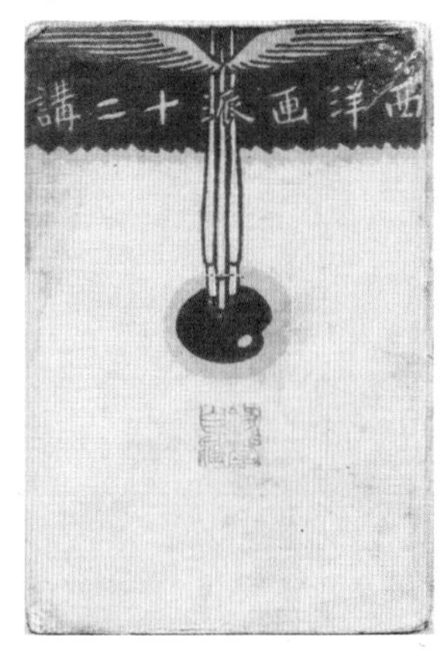

《西洋画派十二讲》

开明书店

史震林《天上人间》

合作出版社

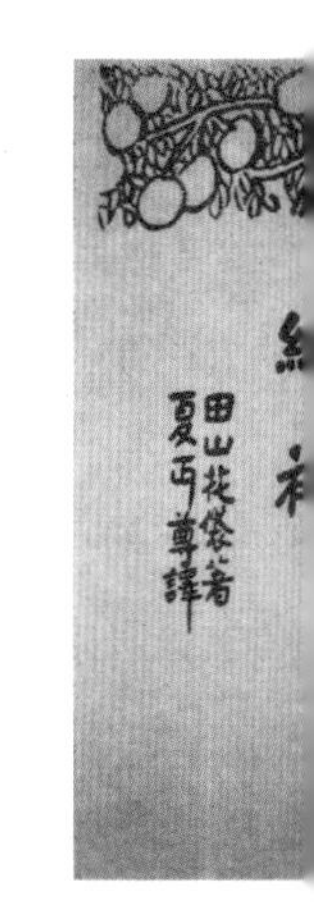

田山花袋《绵

夏丏尊　译

卜土《哥哥》

薛琪瑛　译　广学会

钟敬文《西湖漫拾》

北新书局

王统照《黄昏

商务印书馆

科书》

《新时代地理教科书》
商务印书馆

司托泼夫人《结婚的爱》
胡仲持 译　开明书店

》
务印书馆

《左拉小说集》 宅桴、修勺　译
出版合作社

哈提《姊姊的日记》
方光焘　译　开明书店

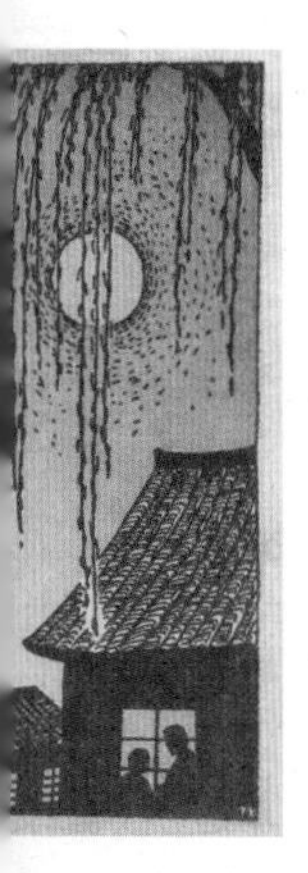

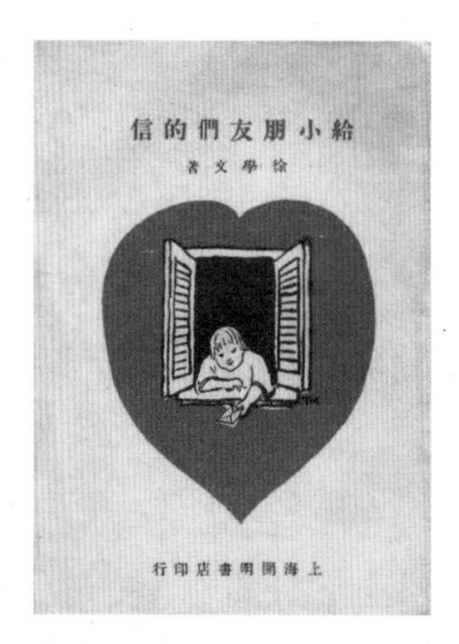

徐学文《给小朋友们的信》
开明书店

王文川《江户流浪曲》
开明书店

叶圣陶、俞平伯《剑鞘》

霜枫社

葛祖兰《日语汉译读本》

商务印书馆

武者小路实笃《新村》

孙百刚　译　光华书局

仓田百三《出家及其弟子》

孙百刚　译　创造社

哈代《两个青年的悲剧》

傅东华　译　大江书铺

《小说世界》

第十八卷第三期

《小说世界》

第十八卷第四期

附　1924—1929 年封面精选

沽酒客来风亦醉卖花人去路还香
子恺
远年花雕

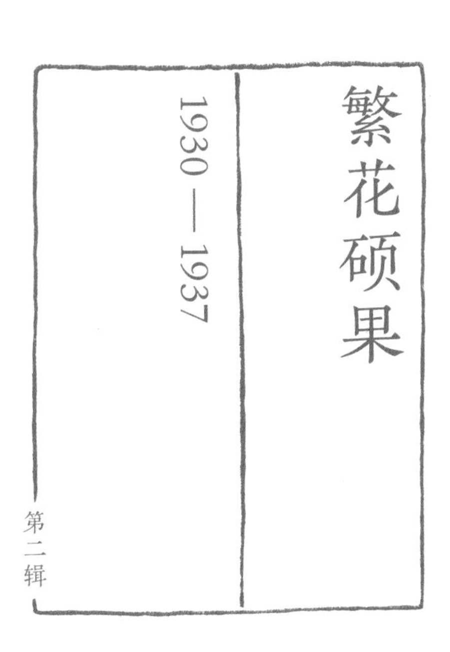
繁花硕果
1930—1937
第二辑

绿帘春雨好江南

老师眼中的丰髯

缘缘堂与《缘缘堂随笔》

首译《初恋》信达雅

音乐爱好者丰子恺

影响几代人的语文教材

儿童崇拜者的《儿童漫画》

翻译好比划桨

庄严微妙海潮音

“梦想的中国”

忘年之交尤其彬

“红豆诗人”俞友清

进退维谷画《谈风》

丰子恺与《宇宙风》杂志

《宇宙风》中转画风

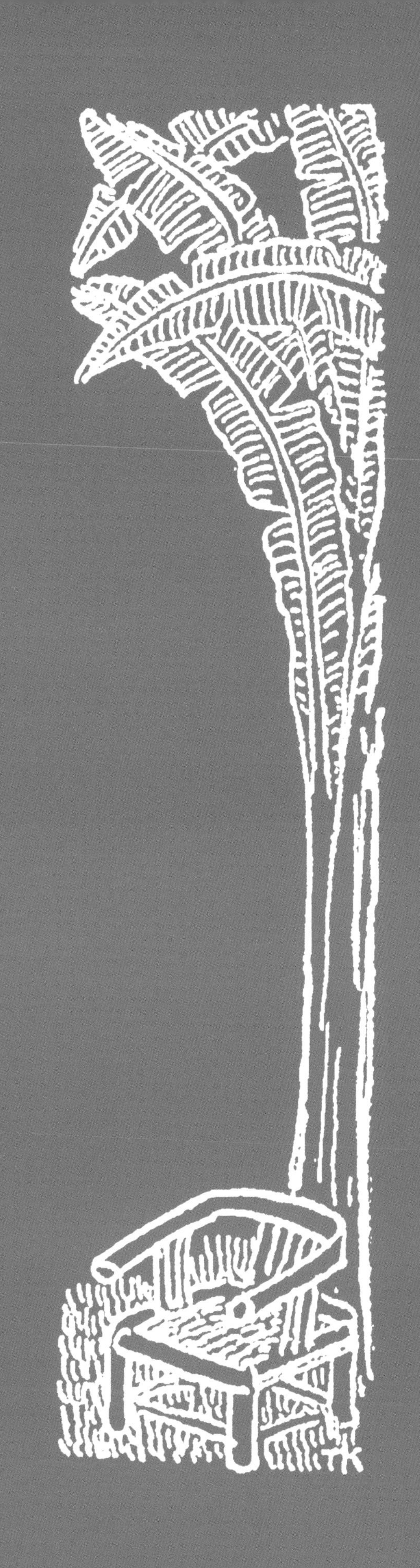

春
雨

卢冀野　著

1930 年 5 月

开明书店

封面　丰子恺

春雨
盧冀野作
子愷繪並題

绿帘

卢冀野　作

1930年5月

开明书店

封面　丰子恺

綠簾
盧冀野作

绿帘春雨好江南

《春雨》《绿帘》是作家、诗人卢冀野两本新诗集的书名，封面画都是由丰子恺装帧设计并题签的。《春雨》的封面，画的是撑着一把大油纸伞的男女稚童，穿了大皮鞋，勾肩搭背地嬉笑着行走在雨中，好像还一路踏着春雨打伞的节奏，唱着儿童歌谣。看着《春雨》的封面，一股童真童趣扑面而来。《绿帘》的封面呈现出来的是另一种景象，一张低垂的绿竹疏帘下，一把茶壶，一只茶杯，飘散着阵阵茶香，一只闲适的小猫正辨识着它似曾相识归来的燕子朋友，窗外飘拂着几条抽芽怒发的柳丝，整个画面氤氲着江南春天的气息。新诗集《春雨》《绿帘》的韵律，配上丰子恺绘画疏朗隽永的意境，给读者无限的遐想……

卢冀野，1905 年出生在江苏南京，是著名词曲家吴梅的高足，一位才华横溢的诗人、词曲家和文史研究家，笔名卢前、小疏。他能诗善文，才情出众，人称“江南才子”。他一生各类著作颇丰，《春雨》《绿帘》就是他的新诗代表作。

被称为“江南才子”，大家就觉得他应该像吴门桃花庵主人唐解元那样，是位儒雅风流的白面书生。其实不然，丰子恺 1945 年在重庆为卢冀野画过一幅简笔肖像画，题词“卢冀野词翁印象”，寥寥几笔，勾勒出了身围肥大拿着手杖的卢冀野形象。女作家谢冰莹也曾这样描绘她看到的卢冀野：“眼前出现了一个胖胖的圆圆的脸孔，浓黑的眉毛，嘴上有短短的胡须，穿着一身黑色的棉布中山装，手里拿着一根黑色的手杖，看起来活像一个大老板；谁知道他却是鼎鼎大名的江南才子卢前——冀野先生。”看来卢冀野颜值平平，但才高八斗，是以一个诗词才人的形象见著于世的。

卢冀野比丰子恺小七岁，与丰子恺一样，他一生的基本职业是教师。在抗战中卢冀野携全家远走，流亡到过重庆，面对日本帝国主义的侵华行径，他创作了大量鼓励抗日救国的文艺作品。卢冀野对新中国寄予希望，他没有选择去台湾，

而是留在祖国大陆。

卢冀野平生嗜好喝酒。同样，丰子恺在“文革”中被关在“牛棚”里，也是念念不忘他的酒，偷偷叫家人把黄酒借着药酒治病的名义送来给他。但卢冀野就没那么幸运，因长期嗜酒引起高血压、肾脏病并发，这位“江南才子”1951 年在南京悄悄告别人世，年仅四十六岁。真是天妒英才，令人唏嘘不已！

卢冀野早年有名句：“若问江南卢冀野，而今消瘦似梅花。” 他的新诗《本事》中也有“我们不知怎么困觉了，梦里花儿落多少”的句子，笔者斗胆取其诗意，加上他两本诗集的书名凑成一句“若问绿帘江南燕，梦中春雨落多少”，来纪念丰子恺与卢冀野两位文艺先辈。

艺用解剖学

姜丹书 著

1930年11月

商务印书馆

封面 丰子恺

藝用解剖學
TK
姜丹書著
商務印書館發行
豐子愷繪

老师眼中的丰髯

《艺用解剖学》是姜丹书在1930年出版的一部美术教育开拓性的著作，丰子恺设计封面。在卷头语里，姜丹书假借朋友之口说："艺术解剖学，在今日的我国已十二分需要了！因为现在每年有这么多的新青年，跑到艺苑里去寻生活；而这么多的艺苑里，又个个以制作人体为最高的研究。虽讲授者未尝无人，但这种书物，还是半本都没有。"由此可见，这本书对于美术教育之重要性。为方便讲学与自学，姜丹书在书中还附有他亲手描绘的人体骨骼与肌肉等插图，计一百七十余幅。

姜丹书是丰子恺在浙江省立第一师范学校读书时的老师。1919年11月，丰子恺与姜丹书、吴梦非、欧阳予倩、刘质平等人发起成立中华美育会，这是中国第一个美育学术团体，由姜丹书出任这个组织的驻会干事。1920年美育会开始出版学术杂志《美育》，发表众多论文，探讨中国美育的理论与实践。丰子恺的《忠实之写生》《艺术教育的原理》等就是在《美育》杂志上发表的。

姜丹书是个十分谦和的人，他长期从事教育工作，教出了丰子恺、潘天寿等大师级的学生，但他从不以师辈自居，而是把学生所取得的成就归功于学生自己的努力。据说有位报社记者前来采访："潘天寿、丰子恺是否皆出于先生门下？"姜先生答："说是'及门'可以，说是'出门下'可不敢当！他们的成就是靠自己努力取得的，与我无关。"

姜丹书对丰子恺的绘画有很高的评价。1946年10月22日，姜丹书在参观丰子恺画展后，发表《从头话丰子》，文中说：

> 丰髯子恺的画展闭幕了，我看了以后，确认他是个当今第一流漫画家。他的画，妙在能深入浅出。从浅说，人人看得懂，

而有趣味；从深说，能打入人人的心坎里。无论你是深人或浅人，都能感觉到至情至理，此即所谓有感兴、有生命的作品。……总而言之，他的画之好处，是在三分画面、七分思想，合成十分饱和。他所以能如此成功者，因为他有一副特别大的头和脑，又大又黑又灵活的眼睛和内心上禅的修养。至于一络腮的长胡子，不过是装饰品罢了！

姜丹书这里所说的“一络腮的长胡子”，在抗战期间还流传着这样一个故事。1940年，姜丹书致信丰子恺，信中附诗有“摸摸光下颚”一句，这是听信了小报刊登的有关丰子恺的小道消息，说丰子恺为抗战已剃须明志。丰子恺回信给老师：“‘摸摸光下颚’一语，恐又是小报谣言所传，恺胡须并未剃脱，一向保留。”丰先生还在日记中这样记述：“抗战以来，江浙报纸屡载我之行止，而大都荒唐可笑。前浙江某报，曾标题曰‘丰子恺割须抗战’。又有一报，云记者亲在开化见我‘长须已去’。（实则我并未到过开化。）上海某小报则曰‘一根不留’。今无锡报又言‘剃个干净’。当此国家危急存亡之秋，我之胡须承蒙国人如此关念，实出意料之外。”

缘缘堂随笔

丰子恺　著

1931年1月

开明书店

封面题字　丰子恺

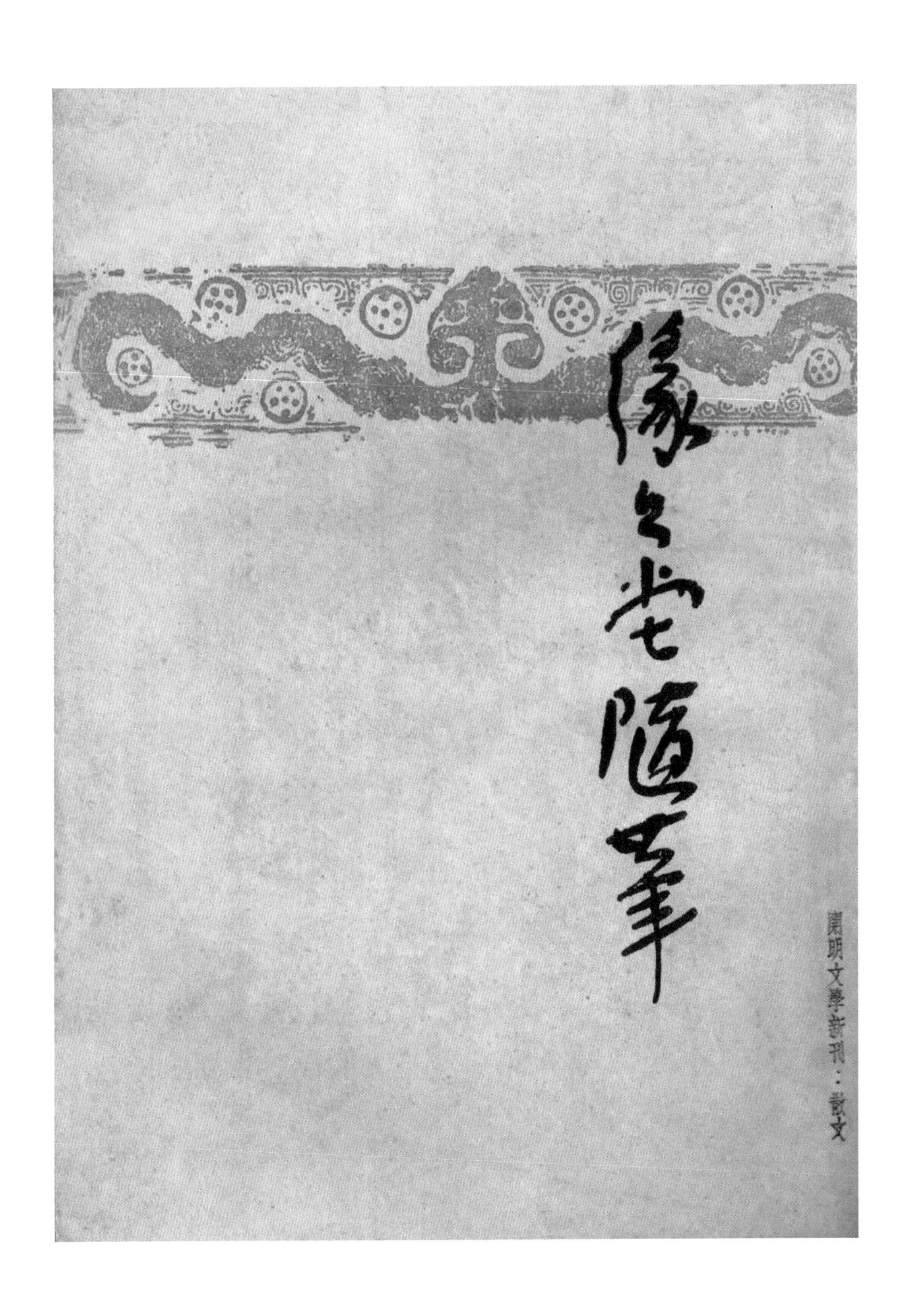
緣緣堂隨筆
開明文學新刊：散文

缘缘堂与《缘缘堂随笔》

谈起丰子恺和他的作品，绝大多数的读者都会想到那赫赫有名的“子恺漫画”，而排在第二位的才是他的“缘缘堂随笔”。就连周恩来总理见到丰子恺，也是连声说：“哦！丰子恺。漫画家！漫画家！”之所以有这样的认同，是因为丰子恺的漫画把他随笔的光芒给掩盖了下去。但不少读者还是给予缘缘堂随笔更多的好评，他们说：“《缘缘堂随笔》的语句简单明了，没有华丽的修饰、没有刻意的摆弄，随意性很强却又是实实在在地阐述生活的道理，有必要精读，细细聆听人生的道理，这样的生活是很有趣的。”

“缘缘堂随笔”这个称呼，来自“缘缘堂”这个堂名。丰子恺在《告缘缘堂在天之灵》一文中这样述说缘缘堂的来历：“你本来是灵的存在。中华民国十五年，我同弘一法师住在江湾永义里的租房子里，有一天我在小方纸上写许多我所喜欢而可以互相搭配的字，团成许多小纸球，撒在释迦牟尼画像前的供桌上，拿两次阄，拿起来的都是‘缘’字，就给你命名曰‘缘缘堂’。当即请弘一法师给你写一横额，付九华堂装裱，挂在江湾的租屋里。这是你的灵的存在的开始，后来我迁居嘉兴，又迁居上海，你都跟着我走，犹似形影相随，至于八年之久。”

1933 年春，“缘缘堂”从一个堂名，一幅横额，一个写作随笔的总称，变成了一所实体建筑——丰子恺用他辛勤写作的稿费，当然也包括这本《缘缘堂随笔》的版税——在家乡石门湾建造了一栋三开间两层楼房，弘一法师与马一浮都为这一建筑留下了墨宝。缘缘堂的建造花费了六千元。丰子恺将其视为至宝。他说：“倘秦始皇要拿阿房宫来同我交换，石季伦愿把金谷园来和我对调，我决不同意。”

此后，丰子恺一家在新建成的缘缘堂度过了近六年舒适安逸的时光，丰先生在这里阅读、写作、养育子女。直至 1937 年 11 月初的一天，丰先生正坐在缘缘堂的餐室里，一架日寇的双翼侦察机从石门湾低低飞过。通过玻璃窗，丰子恺甚至看到了机上的人影。石门湾是个不设防的小镇，没有军人，居住的都是民众妇孺，但日寇的侦察机低空盘旋，仔细看了一遍之后，似乎觉得非常满意，接着就派出轰炸机前来屠杀。一轮轰炸过去，石门镇的许多平房被夷为平地，所幸丰子恺的缘缘堂没有挨炸，全家老小赶紧逃离小镇，到乡下亲戚家暂避。此后不久，丰子恺不得已告别缘缘堂以及缘缘堂所藏的上万册图书，踏上了逃难之路。

丰子恺出版过多本随笔集，包括《缘缘堂随笔》《随笔二十篇》《车厢社会》《缘缘堂再笔》《缘缘堂续笔》等。这本《缘缘堂随笔》是开明书店“开明文学新刊・散文”套系中的一本，所以丰子恺没有另行画装帧画，而是随套系图书的装帧。

初恋

屠格涅夫　著　丰子恺　译注

1931年4月

开明书店

TURGENIEV: FIRST LOVE

開明英漢譯註叢書

初　戀

屠格涅夫著　豐子愷譯註

THE KAIMING BOOK CO. LTD.

首译《初恋》信达雅

有很多作家，从事文学活动都是起步于翻译。丰子恺也是这样。

1921 年，丰子恺用十个月时间短暂“游学”日本后坐船回国，他随身带回了不少书籍，其中就有一本俄罗斯作家屠格涅夫的中篇小说《初恋》，这是一本日英对照读本，英译为伽奈特夫人，日译并加注的是藤浪由之。旅途船上无聊，丰子恺便开始翻译这本书，而到了将近十年以后，这本书才由开明书店出版。丰子恺 1922 年翻译完成《初恋》以后，曾把这本书交给商务印书馆，结果商务印书馆以“内容诲淫”为由予以退稿。直到 1928 年，开明书店筹划出版“英汉译注丛书”，丰子恺才想起这本初译的《初恋》。

英语课是丰子恺就读的浙江第一师范学校的必修课，而他进一步的英语学习是在日本完成的。对于日本文，丰子恺在国内已略懂一些。到东京后进入东亚预备学校学日语，他嫌教得太慢，便辍学另外报了日本人学习英语的高级班。通过高级班同时对两门外语进行高强度学习，再加上丰子恺自创的一套“学习笨办法”，他很快掌握了这两门外语。

关于这套“学习笨办法”，丰先生在《我的苦学经验》中说：读外国语或知识学科的书，必须用笨功。第一，要通一国的国语，须学得三种要素，即构成其国语的材料、方法，以及其语言的腔调。材料就是“单语”，方法就是“文法”，腔调就是“会话”。要学得这三种要素，都非行机械方法而用笨功不可。

丰先生说的“单语”，也就是单词。任凭你有何等的聪明力，不记单词决不能读外国文的书。他先把生词写在纸牌上放入匣中，每天摸出来记一遍。记住了的放在一边，记不住的放在另一边明天再记。等全部记熟了，然后读书，那时便会觉得痛快流畅。

关于“文法”，也就是语法的学习，也是用机械的笨办法。他不读语法教科书，而是用“对读”的方法：拿一册英文圣经和一册中文圣经并列案头，或者其他经典读物，一句句对照着读。积累起经验，便可实际理解英语的构造和各种词句的腔调。

关于“会话”，又是用笨法子，其法就是“熟读”。选定一册良好的会话书，每日熟读一课，在课文下面划上一笔，最后凑成一个繁体的“讀”字，也就是说每课读二十二遍：第一天读十遍写一个“言”字和一个“士”字；第二天读五遍写一个“四”字；第三天读五遍写一个“目”字；第四天最后温习读两遍，写一个“八”字。言、士、四、目、八，四天写就一个繁体的“讀”字，这样就完成了朗读二十二遍。第二课第三课也都是如此，与前一课重叠着阅读，这样计算，每天的阅读量是二十二遍，分别阅读的是四篇不同的课文。

关于《初恋》的翻译，丰先生在这本书的译者序中是这样说的：

> 我是用了对于英语法——英语的思想方法——的兴味而译这小说的。欧洲人说话大概比我们精密、周详、紧张得多，往往有用十来个形容词与五六句短语来形容一种动作，而造出占到半个page［页］的长句子。我觉得其思想的精密与描写的深刻确实可喜，但有时读到太长的句子，顾了后面，忘记前面；或有时读得太长久了，又觉得沉闷，重浊得可厌——这种时候往往使我想起西洋画：西洋画的表现法大概比东洋画精密、周详，而紧张得多，确实可喜；但看得太多了，又不免嫌其沉闷而重浊。我是用了看西洋画一般的兴味而译这《初恋》的。

> 因上述的缘故，我译的时候看重原文的构造，竭力想保存原文的句法，宁可译成很费力或很不自然的文句。但遇不得已的时候，句子太长或竟看不懂的时候，也只得切断或变更句法。

信达雅兼顾，这是丰子恺翻译的一个特色，也是他的译作至今仍受读者欢迎的原因。丰子恺主张翻译应该尽量做到“通俗易懂”，他在《漫谈翻译》一文中说：“我们把世界各国的书籍翻译为本国文，由此可以知道世界任何一个国家的人民的思想感情。他们也可以把我们的书籍翻译为他们的本国文，由此可以知道我们的人民的思想感情。”翻译必须又正确，又流畅，“使读者读了非但全然理解，又全不费力。要达到这目的，我认为有一种办法：翻译者必须深深地理解原作，把原作全部吸收在肚里，然后用本国的言语来传达给本国人。用一个譬喻来说，好比把原文嚼碎了，吞下去，消化了，然后再吐出来”。

《初恋》这个译本收入开明书店“英汉译注丛书”，因此这本书的封面统一遵守套系书风格，丰子恺没有另行设计封面。

世界大音乐家与名曲

丨 丰子恺　著

丨 1931 年 5 月初版　1948 年 10 月三版

丨 亚东图书馆

丨 封面　丰子恺

世界大音樂家与名曲
豐子愷著
上海亞東圖書館印行

音乐爱好者丰子恺

丰子恺除了从事艺术教育，翻译了众多有关音乐和绘画的书籍，他还是个西洋音乐的爱好者。1938 年，丰子恺逃难来到汉口。据作家舒群在《我和子恺》一文中回忆他与丰子恺在汉口的交往：

> 他总结教学实践，写下了大量美术、音乐教材和众多的艺术理论译著，对我国早期的美术、音乐教育，也做出了卓越贡献。在那战争的年代，他还携有留声机，带着许多唱片，经常特意邀我到他汉口的家中欣赏音乐，一边放贝多芬第三交响乐，一边饶有兴味地讲解：这个交响乐，贝多芬原来是献给拿破仑的。拿破仑称帝的消息传来，贝多芬愤怒、失望至极，最后改成《英雄交响乐》。第一、二乐章，主要是表现主人公的战马铁蹄和雄才大略……在教给我音乐知识的同时，他还不忘谆谆地引导：交响乐不能像语言那样跟你说得一清二楚，得凭你的音乐修养去感受，而每个人的音乐感受又是各有不同的。我很愧对他，至今都没把音乐学好，辜负了他的希望。

1938 年的汉口，已经受到日军战机的威胁，一场保卫战即将打响。丰子恺一向认为音乐对于人的精神面貌极其重要，他在《谈抗战歌曲》中说：“抗战以来，艺术中最勇猛前进的要算音乐。文学原也发达，但是没有声音，只是静静地躺在书铺里，待人去访问。演戏原也发达，但是限于时地，只有一时间一地点的人可以享受。至于造型艺术（绘画雕塑之类）也受着与上述两者相同的限制，未能普遍发展。只有音乐，普遍于全体民众，像血液周流于全身一样。”现在，他用贝多芬的《第三交响曲（英雄）》，来激励大家、鼓舞大家奋起反抗日本军国主义。

《世界大音乐家与名曲》出版于 1931 年 5 月，丰子恺画的封面画是一个交响音乐会的全景：前排的、依稀可见的长笛手与指挥，都是以剪影呈示，配以拱形的图案背景，暗示着乐队齐奏的巨大音响。全书十二讲，分别介绍了莫扎特、贝多芬、舒伯特、门德尔松、舒曼、肖邦、李斯特、柏辽兹、瓦格纳、柴可夫斯基、施特劳斯和德彪西的生平与作品。

开明国语课本（小学初级学生用）

叶绍钧　编　丰子恺　绘

1932年

开明书店

封面　丰子恺

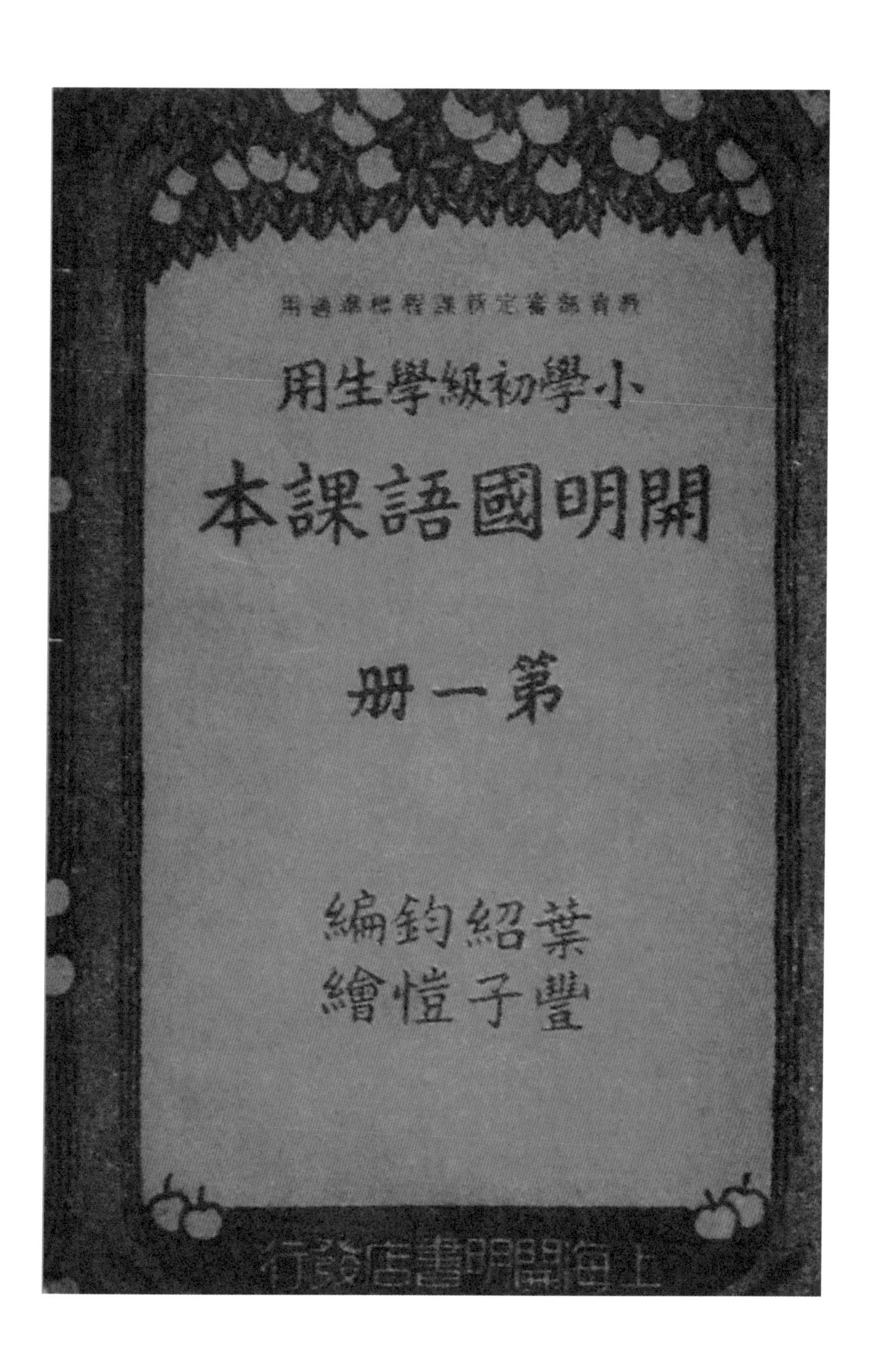
小學初級學生用
開明國語課本
第一冊
葉紹鈞編
豐子愷繪
上海開明書店發行

开明国语课本（小学高级学生用）

叶绍钧　编　丰子恺　绘

1934年6月

开明书店

封面　丰子恺

教育部審定新課程標準適用
小學高級學生用
開明國語課本
第四册
葉紹鈞編
豐子愷繪
TK

影响几代人的语文教材

《开明国语课本》，一套影响了中国几代人的语文教材。这套教材由开明书店于20世纪30年代初出版，一经面世便一版再版，达四十多版。

这套书的火爆在于借着天时地利人和。首先，作为语文教材，它摒弃了艰深的“之乎者也”文言文，而用了通俗易懂的白话文，正如叶圣陶（即叶绍钧）所说：“小学生既是儿童，他们的语文课必须是儿童文学，才能引起他们的兴趣，使他们乐于阅读，从而发展他们多方面的智慧。”

其次，全套教材从初小八册到高小四册，四百多篇课文全由叶圣陶亲自编写。叶圣陶本来就是作家，也当过教师，又在开明书店当编辑，因此由他编写可谓游刃有余。课文里有生活常识、小故事、历史传说和儿童歌谣等，涉及面很广，都是小朋友喜闻乐见的。编者在力求培养儿童阅读能力和表达能力的同时，还着力于帮助孩子们树立正确的品德和人格。初小第一册的第一课就可以看到这样一幅图：“先生早，小朋友早。”尊师爱幼，就从入学第一课做起。

再者，这套教材的全部插图由丰子恺完成。丰子恺欣然接受叶圣陶的邀请，不但为每篇课文精心绘制了插图，还放弃用铅字排印，用工整的正楷字体手书全部课文，就连目录也是恭恭敬敬一笔一画抄写的。

这套书的热销从20世纪30年代初一直持续到21世纪，是深受学生、家长、老师欢迎的长销书；而叶圣陶和丰子恺的友谊，同样也延续了半个多世纪。叶圣陶编校过不少丰子恺的文章，同样丰子恺也为叶圣陶设计过图书封面并绘制插图。直至1975年丰子恺逝世后，他们之间的友谊还在继续：浙江桐乡市石门镇丰子恺故居缘缘堂重建落成，年过九十的叶圣陶为丰子恺故居题名；为丰子恺女儿丰陈宝、丰一吟编的《丰子恺文集》扉页题签，并写序。在这篇《序》中我们可以看到叶老对丰子恺的高度评价：

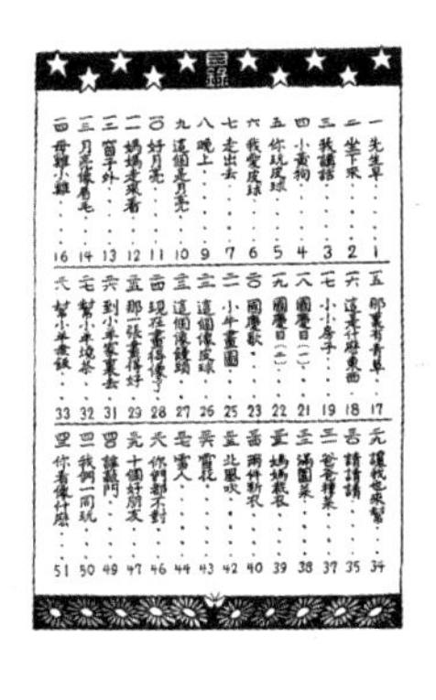

在三十年代，子恺兄为普及音乐绘画等艺术知识写了不少文章，编了好几本书，使一代的知识青年，连我这个中年人也包括在内，受到了这些方面很好的启蒙教育。他的那些文章大多发表在《中学生》上，而我是《中学生》的编辑，是那些文章的第一个读者，至今还记得当时感到的愉悦并不亚于读他的其他散文。……子恺兄的散文的风格跟他的漫画十分相似，或者竟可以说是同一的事物，只是表现的方式不同罢了，散文利用语言文字，漫画利用线条色彩。子恺兄的漫画在技巧上自有他的特色，而最大的特色我以为还在于选择题材。……读他的散文真像跟他谈心一个样，其中有些话简直分不清是他在说还是我在说。像这样读者和作者融合为一体的境界，我想不光是我一个人，凡是细心的读者都能体会到的。

关于这套教材，叶圣陶曾回忆："我编过一部小学国语课本，插图都是他画的，初小前四册不用铅字排印，是他手写的。那时他到梧州路开明的编辑部来写来画。"丰子恺始终是一个开明人，他和开明同仁们共同担负着开明书店许多书籍的装帧设计工作，起着顶梁柱的作用。

TK

儿童漫画

丰子恺　绘

1932年1月

开明书店

封面　丰子恺

兒童漫畫
子愷作
愷

儿童崇拜者的《儿童漫画》

丰子恺在《漫画创作二十年》中说：“我作漫画由被动的创作而进于自动的创作，最初是描写家里的儿童生活相。我向来憧憬于儿童生活。尤其是那时，我初尝世味，看见了所谓‘社会’里的虚伪矜忿之状，觉得成人大都已失本性，只有儿童天真烂漫，人格完整，这才是真正的‘人’。于是变成了儿童崇拜者，在随笔中（见《缘缘堂随笔》）漫画中，处处赞扬儿童。”

“描写家里的儿童生活相”“处处赞扬儿童”，在这一本《儿童漫画》中表现得淋漓尽致。丰子恺之所以要崇拜、赞扬儿童，是因为对于成人的险恶奸诈深恶痛绝。他曾说：“我似乎看见，人的心都有包皮。这包皮的质料与重数，依各人而不同。有的人的心似乎是用单层的纱布包的，略略遮蔽一点，然真而赤的心的玲珑的姿态，隐约可见。有的人的心用纸包，骤见虽看不到，细细掴起来也可以摸得出。且有时纸要破，露出绯红的一点来。有的人的心用铁皮包，甚至用到八重九重。那是无论如何摸不出，不会破，而真的心的姿态无论如何不会显露了。我家的三岁的瞻瞻的心，连一层纱布都不包，我看见常是赤裸裸而鲜红的。”因此，丰子恺在他的漫画里，在他的随笔中，一以贯之地不断崇拜儿童、赞扬儿童。

在这本画集中，清一色都是画的儿童——《拉黄包车》《取苹果》《小母亲》《似虐之爱》《兼母的父》《教育》《高柜台》等，都是脍炙人口的佳作。《儿童漫画》画好以后，丰先生的二女儿丰林仙拿去“先睹为快”，丰子恺随即拿出纸笔描画下来，取名《此画的原稿的读者》，作为这本画集的最后一幅。

拉黄包車

似虐之愛（一）

此书的原稿的读者
林仙十二歲之象

自杀俱乐部

史蒂文生　著　丰子恺　译注

1932年3月

开明书店

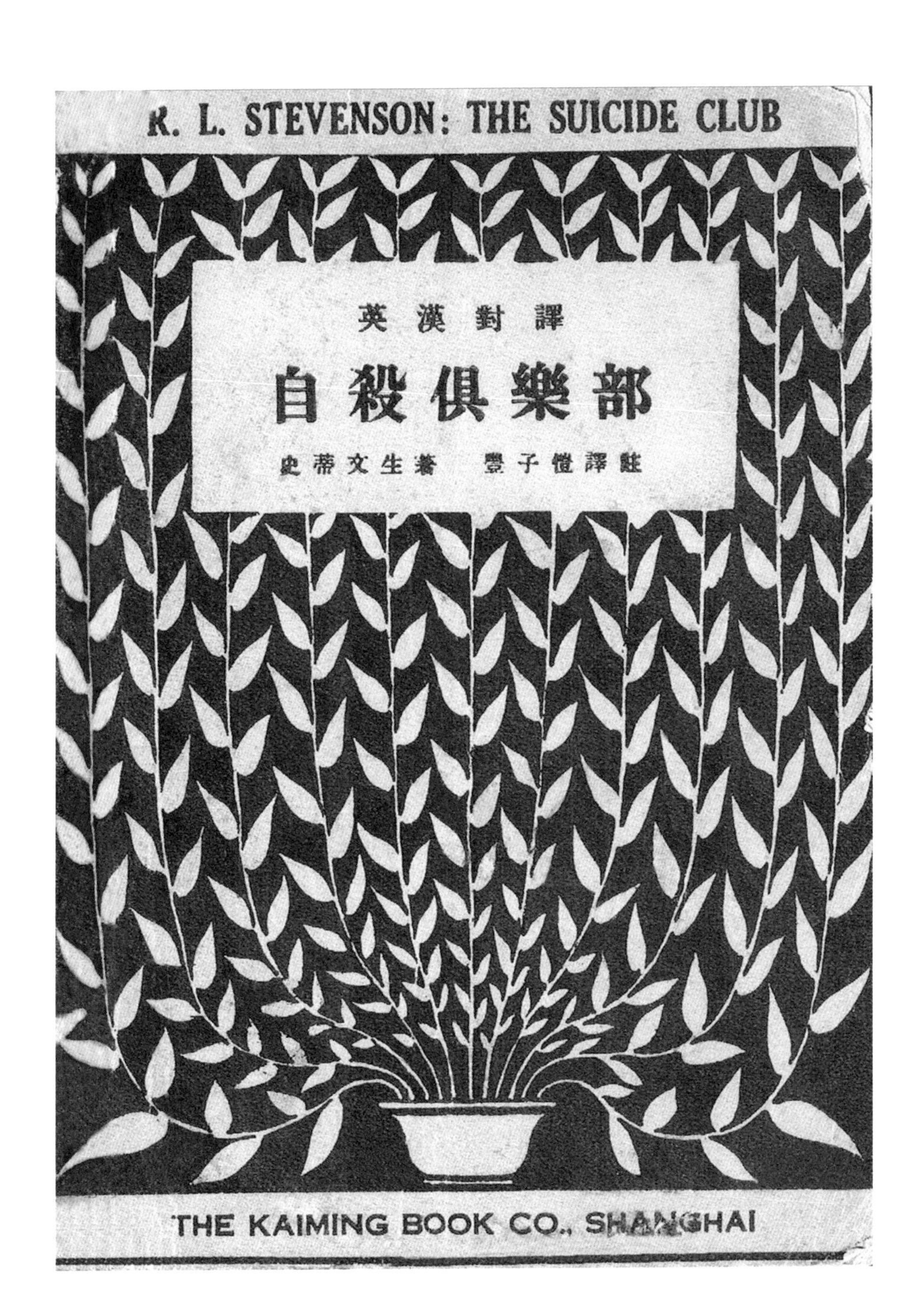
R. L. STEVENSON: THE SUICIDE CLUB
英漢對譯
自殺俱樂部
史蒂文生著 豐子愷譯註
THE KAIMING BOOK CO., SHANGHAI

翻译好比划桨

翻译史蒂文生的《自杀俱乐部》，使丰子恺颇感兴味、乐趣无穷。他在这本书的序言中说："在家里，写稿往往是我一人的世界中的事，儿童们不得参与于其间。惟最近的翻译自杀俱乐部，我和儿童们共感兴味：我欣赏 Stevenson 的文章；他们则热中于自杀俱乐部的故事。白天我从书中钻研；晚间纳凉的时候他们从我口中倾听。睡后我梦见种种 Stevenson 风的 sentences，clauses，和 phrases〔句子、从句和短语〕；他们则在呓语中叫喊'王子'，'琪拉尔定'和'会长'。这是我近来的生活中最有精彩的数星期！"

丰子恺把他的创作分成几类，如写随笔或画漫画，最好身边没有人，不能随意说话打断思路；而在写书法时，看的人多些无妨，写到得意的地方如长长下垂的一笔，有人似京剧演唱里那样大声喝彩更佳；而在翻译的时候，边上有个人，有一搭无一搭的说上几句，很是悠闲，很是舒畅。他说："创作好比把舵，翻译好比划桨。把舵必须掌握方向，瞻前顾后，识近察远；必须熟悉路径，什么地方应该右转弯，什么地方应该左转弯，什么时候应该急进，什么时候应该缓行，必须谨防触礁，必须避免冲突。划桨就不须这样操心，只要有气力，依照把舵人所指定的方向一桨一桨地划，总会把船划到目的地。"

《自杀俱乐部》的翻译就是这样：丰先生一句一句翻译着，边上太太在做针线，不时随便聊上几句。一天下来，到傍晚时再把当天翻译的故事讲给一群孩子们听，这真是一副惬意的景象。

海潮音（第十三卷第四号）

1932年4月

海潮音社

封面　丰子恺

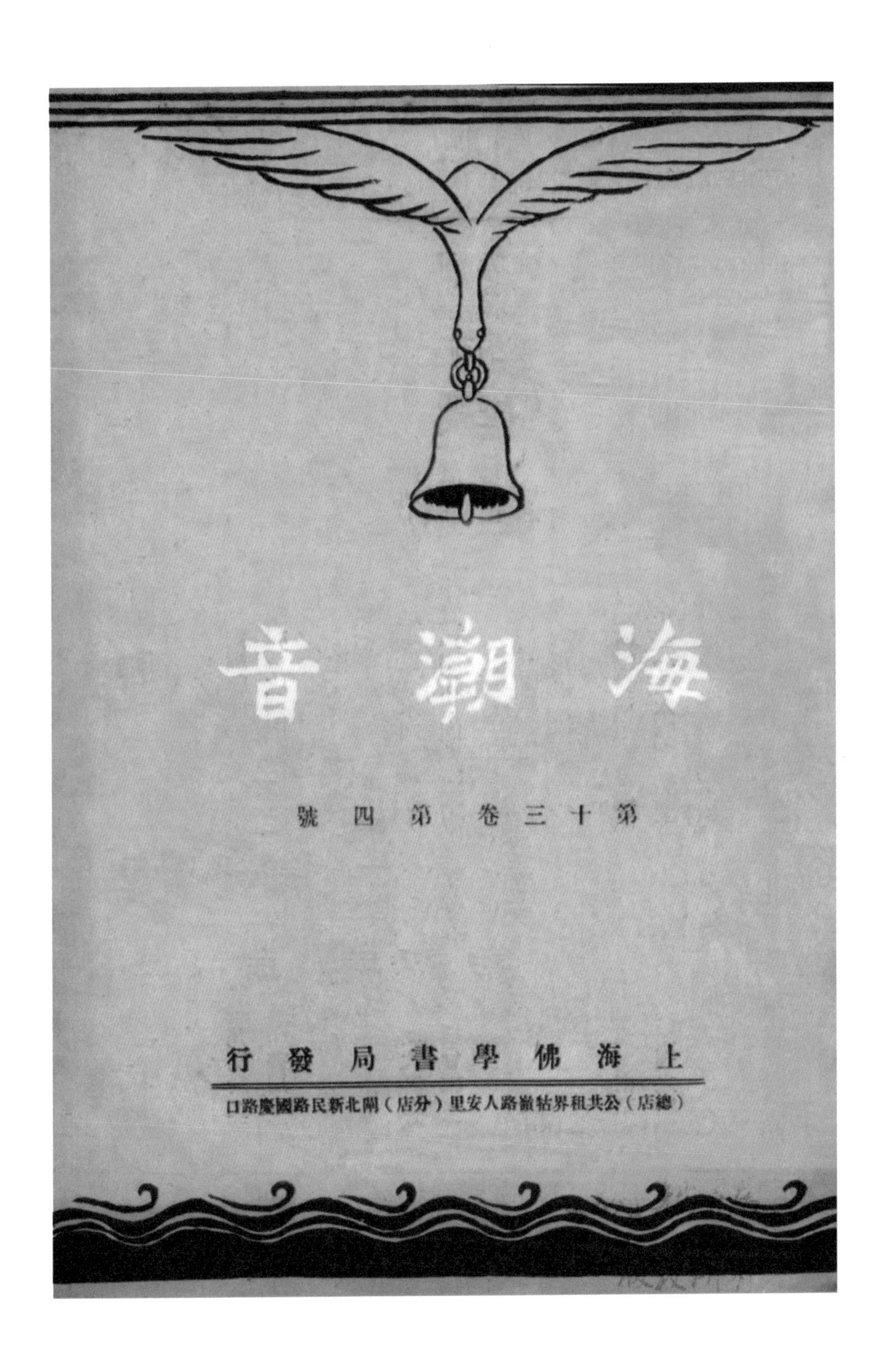
海潮音
第十三卷第四號
上海佛學書局發行
（總店）公共租界牯嶺路人安里（分店）閘北新民路國慶路口

海潮音（第十四卷第二号）

1933年2月

海潮音社

封面　丰子恺

海潮音
第十四卷第二號

庄严微妙海潮音

《海潮音》月刊是太虚大师于 1920 年元月在上海创刊的重要的佛教刊物。其前身为《觉社丛书》，创刊于 1918 年秋。《觉社丛书》一共出版了五期，到 1920 年 1 月，太虚大师把丛书改为《海潮音》月刊。作为近代历时久、影响大、学术价值高的佛教期刊，《海潮音》从 1920 年创刊到 1949 年 4 月停刊的三十年之中，总共出版了 352 期。

《海潮音》是佛教的一面旗帜， 主编太虚大师是《海潮音》的灵魂。其后，他的十多位弟子先后也当过编辑或主编。其中满智法师任主编时，在每一期《海潮音》中，都收入了几幅丰子恺居士所作的漫画。

丰子恺画的这两幅《海潮音》封面，分别是 1932 年十三卷第四号和 1933 年十四卷第二号。前一幅画的是一只“神鸟”，嘴里衔着警世钟，带着梵音展翅来到人间。

说到警世钟，丰子恺在上世纪二三十年代写过和画过众多表现“无常”题材的散文与漫画。他的这些作品以佛门思想解释人生，思辨深刻、感情真挚、文笔质朴，体现了佛理之美。丰子恺的幼女丰一吟曾说：“父亲有几篇散文几乎是我的座右铭。例如：《渐》《大账簿》《两个“？”》《家》。”丰一吟说的这四篇就是表现“无常”题材散文的代表作。丰子恺虽没有用“无常”来概括过他的画，也没有出过名叫《无常画集》的单行本，但他的这类画作大都发表在佛教刊物《海潮音》上，被冠以“警世漫画”的标题。丰子恺研究学者陈星在相关文章中说：“第十二卷第一号（1931 年）开始刊登丰子恺‘警世漫画’，本期刊登四幅《人生阶段》《世路》《昔日的照相》《痛快的梦》。”该卷以后的各号大都有丰子恺漫画。丰子恺的“警世漫画”和“护生画集”可以说是丰子恺一生佛教题材绘画的两个重要方面，对后世都产生了深远影响。

第二幅封面，画的是佛祖“出生”相，刚诞生的他身姿伟岸，双脚站立在地球上，一手指天，一手指地，表现了佛祖“天上天下，唯我独尊”的大雄之相，给读者以勇猛精进的鼓励。

《海潮音》的创刊者太虚大师与印光、虚云、弘一被称为中国近代四大高僧，丰子恺对太虚大师提倡的人生佛教是身体力行的。在太虚大师圆寂后的1947年，丰子恺写过《怀太虚法师》的文章，文中说：“我和太虚法师是小同乡，同是浙江崇德县人。但我们相见很晚，是卅二、三年间在重庆的长安寺里第一次会面的。一见之后，我很亲近他，因为他虽然幼小离乡，而嘴上操着一口崇德土白，和我谈话，很是入木。我每次入城，必然去长安寺望望他。……他对宏法事业有很大热心。真正的和尚者，正信，慈悲，勇猛精进之外，又恪守僧戒，数十年如一日，俱足比丘的资格。”

文中还记载了丰子恺与太虚大师的一桩以酒当茶的轶事。那是在抗战胜利后的重庆，是丰子恺与太虚法师最后一次会面，丰子恺在紫竹林素菜馆设宴请客，邀请在家、出家的几位好友叙晤，作为对重庆的惜别。就是那次丰子恺几乎让太虚大师开了酒戒。紫竹林的酒杯与茶杯是同样的，酒壶也就用茶壶。席上在家人都喝酒，而出家人之中也有一二人喝酒，丰子恺不知道太虚法师喝不喝酒，想敬他一杯，那时正巧太虚大师和邻席的人谈得起劲，没有注意丰子恺的敬酒，端起杯子，喝了一口连忙吐出，微笑地说道：“原来是酒，我当是茶。”满座大笑起来。丰子恺倒觉得十分抱歉，并把这件事一直存放心头。

现在南普陀寺后五老峰山顶的太虚台，立有太虚大师纪念塔，塔前有亭，亭中立一石碑，高约两米，上镌丰子恺为太虚大师造像。造像法相庄严安详，神态栩栩如生。

东方杂志（第三十卷第一号）

1933年1月1日

封面　丰子恺

東方雜誌
第三十卷第一號
新年特大號
LYSOL
民國二十二年一月一日

东方杂志（第三十卷第六号）

1933年3月16日

封面　丰子恺

東方雜誌
第三十卷第六號
惱人春色
太平洋現勢之分析
民國二十二年三月十六日

“梦想的中国”

读民国期刊《东方杂志》

在1932年11月1日，《东方杂志》向全国各界人士发出约四百多封征稿信。信是胡愈之起草的，信中说：“在这昏黑的年头，莫说东北三千万人民，在帝国主义的枪刺下活受罪，便是我们的整个国家、整个民族也都沦陷在苦海之中。……我们诅咒今日，我们却还有明日。假如白天的现实生活是紧张而闷气的，在这漫长的冬夜里，我们至少还可以做一二个甜蜜的舒适的梦。”

于是，就有了1933年元旦的“新年特大号”刊。这一期的封面是丰子恺所作漫画，一个小男孩正在大浴盆里认真洗刷地球，旁边放着肥皂和Lysol（来苏尔，一种消毒水）。

这一期“新年的梦想——梦想的中国，梦想的个人生活”，刊出一百四十二人对于梦想的文字。专栏开篇是用铜版纸印制的丰子恺与陈升洪的漫画。丰先生为这个栏目画了五幅漫画，分别是《建筑家的梦》《母亲的梦》《教师的梦》《黄包车夫的梦》以及《投稿

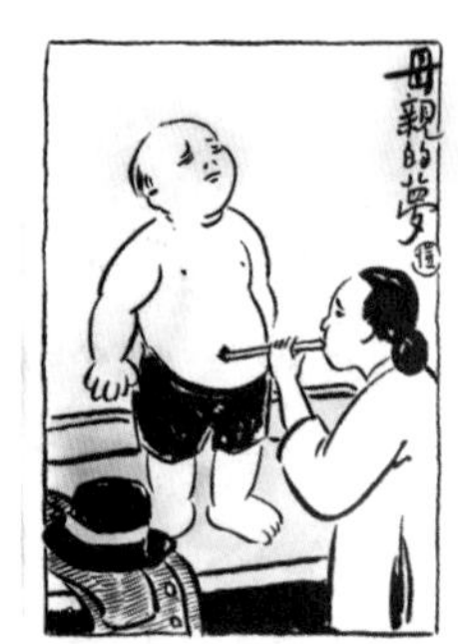

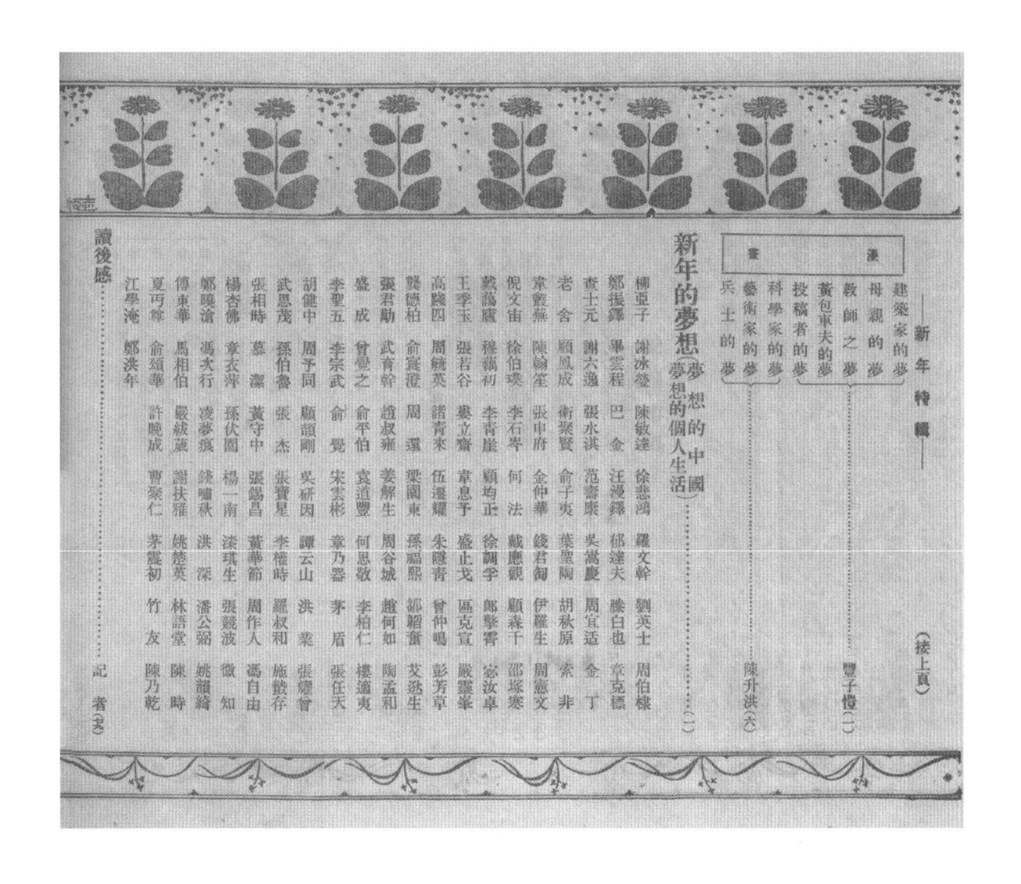

新年特輯 （接上頁）

漫畫

建築家的夢
母親的夢
教師之夢
黃包車夫的夢
投稿者的夢……豐子愷（一）

科學家的夢
藝術家的夢
兵士的夢……陳升洪（六）

新年的夢想（夢想的中國 夢想的個人生活）……（一）

柳亞子　謝冰瑩　陳敏達　徐悲鴻　羅文幹　劉英士　周伯棣
鄭振鐸　畢雲程　巴　金　汪漫鐸　郁達夫　滕白也　章克標
查士元　謝六逸　張水淇　范壽康　吳藹宸　周宜适　金　丁
老　舍　顧鳳成　衛聚賢　俞子夷　葉聖陶　胡秋原　索　非
韋叢蕪　陳翰笙　張申府　金仲華　錢君匋　伊羅生　周憲文
倪文宙　徐伯璞　李石岑　何　法　戴應觀　顧森千　邵塚寒
戴藹廬　穆藕初　李青崖　顧均正　徐調孚　郎擎霄　宓汝卓
王季玉　張若谷　婁立齋　章息予　盛止戈　區克宣　嚴靈峯
高踐四　周毓英　諸青來　伍蠡甫　朱隱青　曾仲鳴　彭芳草
龔德柏　俞寰澄　周　還　樊國東　孫福熙　鄒韜奮　艾逖生
張君勱　武育幹　趙叔雍　姜解生　周谷城　趙何如　陶孟和
盛　成　曾覺之　俞平伯　袁道豐　何思敬　李柏仁　樓適夷
李聖五　李宗武　俞　覺　宋雲彬　章乃器　茅　盾　張任天
胡健中　周予同　顧頡剛　吳研因　譚云山　洪　業　張燿曾
武思茂　孫伯謇　張　杰　張寶星　李權時　羅叔和　施蟄存
張相時　慕　潔　黃守中　張錫昌　黃華節　周作人　馮自由
楊杏佛　章衣萍　孫伏園　楊一南　漆琪生　張競波　微　知
鄭曉滄　馮文行　凌夢痕　錢嘯秋　洪　深　潘公弼　姚韻綺
傅東華　馬相伯　嚴絨蕆　謝扶雅　姚楚英　林語堂　陳　時
夏丏尊　俞頌華　許晚成　曹聚仁　茅震初　竹　友　陳乃乾
江學淹　鄭洪年

讀後感……記者（一六）

者的梦》。这组漫画，每一幅占据一整个版面，反映了当时社会的一种浮躁与焦虑的心态：建筑师梦想让房子生根，可以自行快快长大；母亲盼着子女长大，最好能“一口气吹大”；教师想通过注射来让孩子迅速掌握各种知识；黄包车夫恨不得多长两条腿快快挣钱；投稿者恨不得长出三头六臂，写出尽可能多的稿件。

在这五幅漫画之后是陈升洪的漫画，分别是《科学家的梦》《艺术家的梦》和《士兵的梦》。《科学家的梦》又分为《起死回生》《机器人》和《星球探险》三幅。

文字部分前有“梦想的中国”标题，后面是一百四十二个人谈各自的梦想，他们中有工人，有读者，有学生，还有政府官员，更有几十个作家，几十个教授，最多的是杂志的主编、编辑和记者，遍布各种各样的报纸杂志。下面我们来看看当年他们“梦想的中国”是什么样子的。

第一篇便是柳亚子的文字。他说：“中国是世界的一部分，所以要有梦想中的未来中国，应该先有梦想中的未来世界。我梦想中的未来世界，是一个社会主义的大同世界，打破一切民族和阶级的区别，全世界成功一个大联邦。”

女作家谢冰莹的梦想极其美好：“梦是多么美丽而甜蜜啊，可怜我自从有了新的思想到现在足足有十年了，在这十年中我整天整夜做着那些美丽而甜蜜的梦，虽然这梦不知要到哪一天才实现，但我仍然在继续着做。”

著名画家徐悲鸿的梦想简直就是一幅画卷。他说：“在西安之西，忽成一八千里周围大湖。俾吾人游历新疆，青海，可以航行。湖中有小盗出没。又略卖违禁品，如鸦片之类，而吸者不甚多。湖流南下，直达洞庭，以其清澈，使扬子江水，及江浙海面，悉成蔚蓝之色。”

历史学家、《中国通史》作者周谷城教授的梦想只有一句话，很简单也很通俗：“梦想中的未来中国首要之件便是：人人能有机会坐在抽水马桶上大便。”这一梦想看似简单，却是实实在在关乎民生的一种诉求。

郑振铎、俞平伯与茅盾的梦想是“没有梦想”。郑振铎说：“我并没有什么梦想，我不相信有什么叫做‘梦想’的。人类的生活是沿了必然的定律走去的。未来的中国，我以为，将是一个伟大的快乐的国土。因了我们的努力，我们将会把若干年帝国主义者们所给予我们的创伤与血迹，医涤得干干净净。”俞平伯也说：“我没有梦想。”茅盾则说：“对于中国的未来，我从来不作梦想；我只在努力认识现实。梦想是危险的。”

相比之下，作家巴金和老舍的梦想显得略带几分迷茫，几分忧愁。巴金说：“在现在的这种环境中，我连做梦也没有好的梦做，而且我也不能够拿梦来欺骗自己。‘在这漫长的冬夜里’，我只感到冷，觉得饿，只听见许多许多人的哭声。这些只能够使我做噩梦。”老舍说：“我对中国将来的希望不大，在梦里也不常见着玫瑰色的国家。即使偶得一梦，甚是吉祥，又没有信梦的迷信。至于白天做梦，幻想天国降临，既不治自己的肚子饿，更无益于同胞李四或张三。”确实，在1932年这一年，“一·二八事变”，山海关沦陷，伪满洲国蠢蠢欲动，再加上经济大萧条，这一桩桩一件件，都沉沉地压在作家们的心头。

鉴于东北的沦陷，俞平伯假借梦想大声疾呼：“对不起，‘和梦也新来不做。’假如定要做的，恐怕也是妖梦罢。有一个人无端被邻居切了一只胳膊去，自然都嚷嚷要找去。而据那邻居说，‘你们不要只管来闹了，你们回去看看吧。’这真损得厉害，但我觉得不可以人废言。原来那个巨人被切去胳膊以后，好像没有这回事一样。所以面前的问题，已经不是一只胳膊的恢复，而是一条生命会不会再活。不要胳膊，是岂有此理的大量，而不要生命，是大量得岂有此理。”

丰子恺不在“梦想的中国”栏目下一百四十二人之列。他用他的画笔描绘了五个普通人的梦想。但丰先生的派克钢笔也没有闲着，他应《东方杂志》约稿，写下了随笔《梦耶真耶》，而且发表在这同一本“新年特大号”杂志上。在这篇文章中，丰先生阐述了他对于“梦境”和“真实”的看法，他说：“从前我同世人一样地确信‘真’为真的，‘梦’为假的，真伪的界限判然。现在这界限模糊起来，使我不辨两境孰真孰假，亦不知此生梦耶真耶。从前我确信‘真’为如实而合乎情理，‘梦’为荒唐而不合情理。现在适得其反：我觉得梦中常有切实而合乎情理的现象。而现世家庭，社会，国家，国际的事，大都荒唐而不合理。”

1933年的中国，大致就是这样。所有的乱局，在这本“新年特大号”的刊物，凭借“梦想”这个话题，一一反映了出来。

苓英

尤其彬　著
1933年8月
开华书局
封面　丰子恺

苓英
尤其彬作
上海開華書局出版

忘年之交尤其彬

《岑英》一书的作者尤其彬，1910 年出生于南通尤氏家族，这是一个五四运动以来在科教文卫等领域人才辈出的文化世家。尤其彬 1936 年毕业于上海复旦大学外国文学系，获文学学士学位。他多才多艺，不但会写会画会篆刻，还对书法很有研究。大学期间开始接触俄国批判现实主义作家契诃夫的作品，受其影响开始文学创作。1933 年 8 月，还在复旦大学读书的尤其彬，创作出了小说集《岑英》。

这部小说由《沉没》《岑英》《失业者》《睡不着》《纯洁的恋爱》等十八篇短篇小说组成，这些小说大多是揭露社会阴暗面的，反映了人民生活的苦难，具有浓重的写实主义色彩。《岑英》这一篇小说的主人公岑英，是个品学兼优却陷于贫困而没有钱读书的女学生。小说中塑造了因家境贫寒而愁肠百结的岑英，与之对比的是家境富裕、终日出入舞厅优哉游哉的同学，尤其彬正是通过这样的对比，揭示出了他想要表达的一个沉重主题——“现在的教育是为有钱人服务的”。

《岑英》由当时任北新书局总编辑的赵景深作序，丰子恺为他画了封面。尤其彬与丰子恺的交往始于赵景深。尤其彬是赵景深的学生，由于他对绘画感兴趣，对漫画更是情有独钟，赵景深便把他介绍给丰子恺。1932 年 11 月 24 日，丰子恺写信给尤其彬：“承示大作《岑英》，已拜读，文字流丽，趣味隽永，弟甚为爱读。闻大著将结集出版，如已约定，弟当代为书画封面，以表爱读之忱也。”

丰子恺主动提出为这个年仅二十四岁的青年学生作封面画，是为数不多的一例。封面以同名小说《岑英》为题材，丰子恺画了一个贫困的女学生，在烛光下写家信。她紧锁着双眉，凄苦的神情仿佛在诉说没钱读书，与尤其彬所想要表达的主题相得益彰。丰子恺与尤其彬的忘年交，也就从这幅封面画开始。

丰子恺发表的漫画，经常有外文字母“TK”作为签名，这是当时通行的威氏拼音，丰子恺姓名的拼音为“FONG TSE KA”，“子恺”的威氏拼音缩写就成了 TK。尤其彬喜爱篆刻，便别出心裁地刻了一枚正方形“TK”名字章。收到这枚印章，丰子恺回信道谢说，“其彬仁兄：寄下英文字印大作，已拜领道谢，此印在中国数千年金石界，可谓别开生面。泥古不化之金石家，见此或将摇首，但弟谓此乃金石之时代精神表现，具足艺术真价，百年后必有多人认识吾兄之革命精神也。”信末，丰子恺还慎重地盖上了这枚“TK”印章。

红豆集

友清　辑

1936年5月

常熟琴社

封面　丰子恺

紅豆集
友清輯
緣緣堂畫箋

“红豆诗人”俞友清

丰子恺在江苏有一个叫俞友清的诗友，平生爱收集“红豆”（即相思子）。国内各地出产的红豆他都有收藏，还自号“红豆室主人”。1934 年，俞友清因红豆卷入了一场风波：有一个名叫程思白的中医，因怀疑俞友清在明光眼镜店寄售的红豆名不副实，有欺客之嫌，就在《苏州明报》的副刊《明晶》上发表文章责难。当时俞友清因连殇两子双女，情绪极度低落，也懒得与程思白论辩，只是以一篇短文《敬答思白兄》回应。没想到这场风波并未就此平息，《明晶》主编范烟桥对这个话题显然很有兴趣，又接连在副刊上刊载数篇文章，一些文坛名流也相继卷入。最终的结果是，那些文章读来看似在劝和，而舆情却是明显偏向于俞友清的。

这场“红豆之争”，不但没有伤害到俞友清，反而给他攒足了人气。此后，俞友清把他的书斋名“我爱红豆室”改为“友红豆室”，并开始着手编写《红豆集》，还约请柳亚子题书名，请丰子恺绘封面画。

俞友清编写的这本书是一部有关红豆的百科全书，仅序言就有《金序》《吴序》《范序》《蒋序》《周序》《关序》《胡序》《庄序》《黄序》《张序》十篇。《红豆集》收录了有关红豆的各种绘画、书法、专著、考证、掌故、闲话、诗词、信札以及各种红豆树的照片，这样的编排很有创意，摆脱了前人著述说到红豆必拿“相思”来说事的单调与俗套。

俞友清与丰子恺的交往持续了很长时间。除了三十年代为《红豆集》作封面画，1945 年 6 月，丰子恺赴四川隆昌参加立达学园成立二十周年纪念活动，并举办画展。俞友清得知后，希望丰子恺在途经青木关镇时，在俞友清任职的农民银行先设预展，丰子恺欣然从命。到了“文革”晚期，丰子恺和俞友清两人仍书信来往不断。1973 年年底，俞友清寄了两颗红豆和四首诗给丰子恺。诗云：

人越古稀万念捐，病来服药已除烟。
明年七五刚开始，还是输君仅一年。

记得山城同作客，身居闹市忆莼鲈。
昔年旧画依然在，爱煞寒窗课读图。

多年违别寸心知，落叶停云懒写诗。
寒士人情无物赠，一双红豆寄相思。

投老胸怀百感频，儿孙革命为农民。
问君新稿今成未，当作梅花寄故人。

1974年1月20日，丰子恺答以《俞友清（迂叟）惠诗四绝步原韵奉和》：

生平旧习苦难捐，饮酒喝茶又吃烟。
盛世黎民多幸福，光天化日度长年。

从小不知荤腥味，青蔬白饭胜莼鲈。
酒酣耳热毛锥痒，写幅东风浩荡图。

老去情怀信可知，友红豆室主人诗。
流离蜀道音尘隔，往事依稀各自思。

日饮三杯不算频，最繁华处作闲民。
平平仄仄荒疏久，步韵歪诗笑煞人。

谈风（第六期）

1937年1月10日

封面　丰子恺

談風
半月刊
第六期
新年特大號
1937
1936

进退维谷画《谈风》

《谈风》杂志创刊于 1936 年 10 月 25 日，终刊于 1937 年 8 月 10 日，一共仅出版了二十期。《谈风》创刊时的刊名是“谈风幽默半月刊”，这个名字用了几期以后就改名为《谈风》，半月刊也改为月刊。这本杂志的版权页上写明编辑为“浑介、海戈、黎庵”三人。据说这三个人的年龄相加起来都没有超过六十岁，但他们确实办起了这本杂志。版权页上还写有“发行人，周黎庵；总经售总代定，宇宙风社”，这样看来《谈风》杂志与《宇宙风》杂志关系还是相当密切的。而丰子恺在《谈风》上发表随笔，还为《谈风》杂志画封面画，是与《宇宙风》杂志的创办人林语堂以及编辑陶亢德或多或少有关系的。

在《谈风》的二十期刊物中，包括了十几本专辑，如《南京专号》《西陲特号》《湖南专号》《四川专号》《“思痛记事”专号》《“理想世界”专号》《“宗教见闻”专号》《“消夏录”专号》等。丰子恺在《谈风》杂志上发表的随笔是《房间艺术》，还获得了其他作者的应和，发表了《与丰子恺先生论房间艺术》和《并不艺术谈房间》两篇文字。绘画是 1937 年 1 月第 6 期丰先生画的封面画，画名为《盲人瞎马临深渊》——一个蒙上了眼睛的人，骑在一匹同样蒙上了眼睛的白马上，两旁是高山，脚下是深渊。他们行走的独木桥上写着“1936—1937”。读这幅画，再联想到 1937 年的岁月，可以清楚地感觉到丰子恺对当时局势的敏锐洞察和预见——日本帝国主义全面侵华即将开始，中华民族的全面抗战也即将爆发。

宇宙风（第三十三期）

1937年1月16日

封面　丰子恺

宇宙風
半月刊
第三十三期
廿六年一月十六日
明明如月何时可掇
子愷畫

丰子恺与《宇宙风》杂志

丰子恺为《宇宙风》第三十三期（1937 年 1 月 16 日）设计的封面，题名为《明明如月何时可掇》。在这幅画中，有明月高悬，月亮中写着两个字：和平。

丰子恺的封面漫画，为《宇宙风》和《论语》两本杂志创作的封面最多。藏书家谢其章在他的《丰子恺：文坛上还想不出第二个他》一文中做过统计：“《论语》总出一百七十七期，丰子恺画了六十几期的封面。《宇宙风》总出一百五十二期，丰子恺大概画有四十来期，虽然不如给《论语》画得多，可是如果算上杂志里面的漫画插图和连载漫画，那么《宇宙风》要超过《论语》了。”

《论语》和《宇宙风》都是由林语堂创办的杂志。林语堂是一个崇尚幽默的人，我们现在所说的幽默一词，就是林语堂定译的。英语 humor 一词，当时有几种翻译法，有王国维的音译“欧穆亚”，有李青崖的“语妙”，有陈望道的“油滑”，有钱玄同的戏译“酉靺”，最后还是林语堂翻译的“幽默”胜出，一直沿用至今。

林语堂崇尚幽默，这在当时还是有不小阻力的，鲁迅就是其中一员，时常提出反对意见。在那个日军侵华的战乱时代，林语堂提倡生活的情趣，提出“快乐无罪”，让中国人能够在他的园地里喘喘气，还能在“呻吟叫号”之外微吟低唱。林语堂说：“难道国势阽危，就可不吃饭撒尿吗？难道一天哄哄哄，口沫喷人始见得出来志士仁人之面目吗？恐怕人不是这样的一个动物吧。人之神经总是一张一弛，不许撒尿，膀胱终必爆裂，不许抽烟，肝气终要郁结，不许讽刺，神经总要麻木，难道以郁结的脏腑及麻木的神经，抗日尚抗得来吗？”

再回到幽默与漫画这一对老搭档。丰子恺与林语堂的这几本杂志的合作持续不断。丰子恺最先在《宇宙风》上发表的是“人间漫画”。他在 1944 年于重庆出版的《〈人生漫画〉自序》中说：“‘人生漫画’这名目，还是林语堂命名的。约十余年前，上两人〔指林语堂和陶亢德〕办《宇宙风》，向我索画稿。林语堂说：

‘你的画可总名为‘人生漫画’。我想，这名词固然好，范围很广，作画很自由，就同意了。当时我为《宇宙风》连作了百余幅。自己都无留稿。抗战军兴，我逃到广西，书物尽随缘缘堂被毁，这些画早被我忘却了。忽然陶亢德从香港寄一封很厚的信来。打开一看，是从各期《宇宙风》上撕下来的人生漫画。附信说，《宇宙风》在上海受敌人压迫，已迁香港续办。他特从放弃在上海的旧杂志中撕下这些画来，寄我保存。因为他知道我所有书物都已被毁了。……作画与刊集，相隔十余年。而在我的心情上，更不止十余年，几乎如同隔世。因为世变太剧，人事不可复识了。当时与我常常通信或晤会的林语堂和陶亢德，现在早已和我阔别或隔绝。”丰先生这里所说的“阔别或隔绝”，指的是林语堂当时远在美国纽约，而陶亢德又奔走于香港和已经沦陷的上海……

1935年9月《宇宙风》在上海创刊，1938年迁广州，1939年迁香港，1944年迁桂林，1945年迁重庆，1946年再迁广州，这十几年里丰子恺与它的画缘一直持续着，直到1947年8月10日，《宇宙风》出第152期夏季特大号后停刊。丰子恺为《宇宙风》画了最后一幅封面画：“玉骢惯识西湖路，骄嘶过，沽酒楼前。”

丰先生不但用他的“五寸不烂之笔”作战时漫画，还在《宇宙风》上发表了很多随笔，如《劳者自歌》《谈梅兰芳》《访疗养院记》《蟹》《物语》《午夜高楼》《实行的悲哀》《梧桐树》《手指》《无常之恸》《新年怀旧》《未来的国民——新枚》《告缘缘堂在天之灵》等，约三十篇。

宇宙风（第三十四期）

1937年2月1日

封面　丰子恺

宇宙風
散文小品半月刊 第三十四期蘇聯特輯增大號
嗟來食
子愷畫

宇宙风（第三十五期）

1937年2月16日

封面　丰子恺

宇宙風
半月刊
第三十五期
廿六年二月十六日

《宇宙风》中转画风

1940年，丰子恺收到他的老师夏丏尊写来的一封长信，夏先生在信中谈了他对绘画的见解。他说：中国的人物画有两种——一种是以人物为主，一种是以人物为副。两者之外尚有第三种形式，就是背景与人物并重的。夏先生进而还说："君于漫画已有素养，作风稍变，即可成像样之作品。暂时试以此种画为目标如何？——由漫画初改图画，纯粹人物和纯粹山水，一时恐难成就(大幅更甚)，如作人物背景并重之画，虽大幅当亦不难。且出路亦大，可悬诸厅堂，不比漫画之仅能作小幅——以锌版印刷在书报中也。"

那么，怎么来区分夏先生所说的漫画与图画呢？丰子恺在《漫画创作二十年》一文中说，他作漫画，"约略可分为四个时期：第一是描写古诗的时代，第二是描写儿童相的时代，第三是描写社会相的时代，第四是描写自然相的时代。但又交互错综，不能判然划界，只是我的漫画中含有这四种相的表现而已。"

其实，这种"背景与人物并重"的图画，丰子恺已经作出了尝试，1937年2月的《宇宙风》杂志封面画《嗟来食》便是其中一例。这幅画画面美感强烈：极寒的一天，雪景，树上地上人身上屋顶上满是积雪，一中年人在屋里烤火，一边的桌上有酒有菜蔬。中年人正在招呼室外一老人。在这幅画中，背景与人物基本上是并重的，背景虽然占据了大部分画面，但人物的灵动直接吸引了读者眼光，起到与背景平衡的作用。

丰先生在这幅画里用了《礼记 · 檀弓下》中的典故："嗟来食"，比喻用恶劣的不礼貌的恩赐态度施舍给别人东西。这正是丰子恺的拿手好戏——用美丽耐看的画面，引经据典，来讲述一个故事，从而达到教育读者的最终目的。当然，丰子恺所作《嗟来食》，作为1937年2月《宇宙风》的封面，其中自有更深层的寓意。

舒新城《美术照相习作集》
中华书局

《儿童教育》第三卷第七期
开明书店

高
马

《新编醒世千家诗》 李圆净　编校
佛教书局

《中学生》
廿四年二月号

《
廿

《教师之友》第二卷第一期
儿童书局

《教师之友》第三卷第一期
儿童书局

《
佛

基《草原故事》 巴金 译
亚书店

叶圣陶《古代英雄的石像》
开明书店

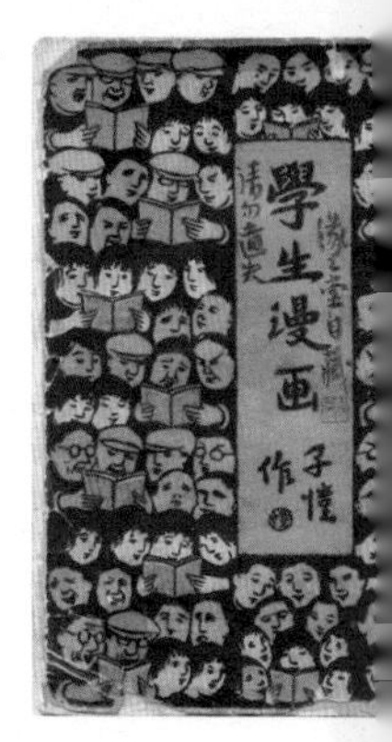

丰子恺《学生漫画》
开明书店

学生》
年五月号

《中学生》
廿四年六月号

《中学生》
廿四年十二月号

教文摘》第二集
文化社

《海潮音》
第二十八卷第一期

卢仲英《字字通》第八
儿童书局

叶圣陶《稻草人》
开明书店

《儿童教育》第五卷第一期
儿童书局

《世界奇观》第二册
儿童书局

于在春编《文字的自由画》
开明书店

丰子恺《劳者自歌》
上海生活书店

丰子恺《车厢社会》
良友图书印刷公司

附

1930—1937 年封面精选

嚴霜烈日皆經過
次第春風到草廬
子愷畫

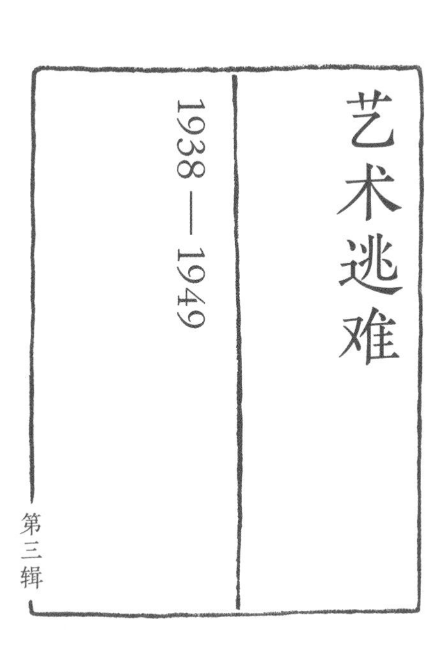
艺术逃难
1938—1949
第三辑

鲁迅的呐喊，丰子恺的麦克风

抗战中没被遗忘的一页

从丰子恺的《武训传》插图说开去

儿童故事——生死关头

儿童故事——一篑之功

儿童故事——伍元的话

儿童故事——博士见鬼

儿童故事——赌的故事

儿童故事——大人国

儿童故事——有情世界

儿童故事——种艾不种兰

儿童故事——夏天的一个下午

儿童故事——油钵

儿童故事——赤心国

万叶书店“钱封面”

野火烧不尽，春风吹又生

缘缘堂主逢奇缘

用诗人的眼光观察世界

阿Q正传

| 鲁迅　著
| 奔流文艺出版社
| 封面　丰子恺

阿Q正傳
魯迅著
奔流文藝出版社刊

绘画鲁迅小说

1950年4月

万叶书店

封面　丰子恺

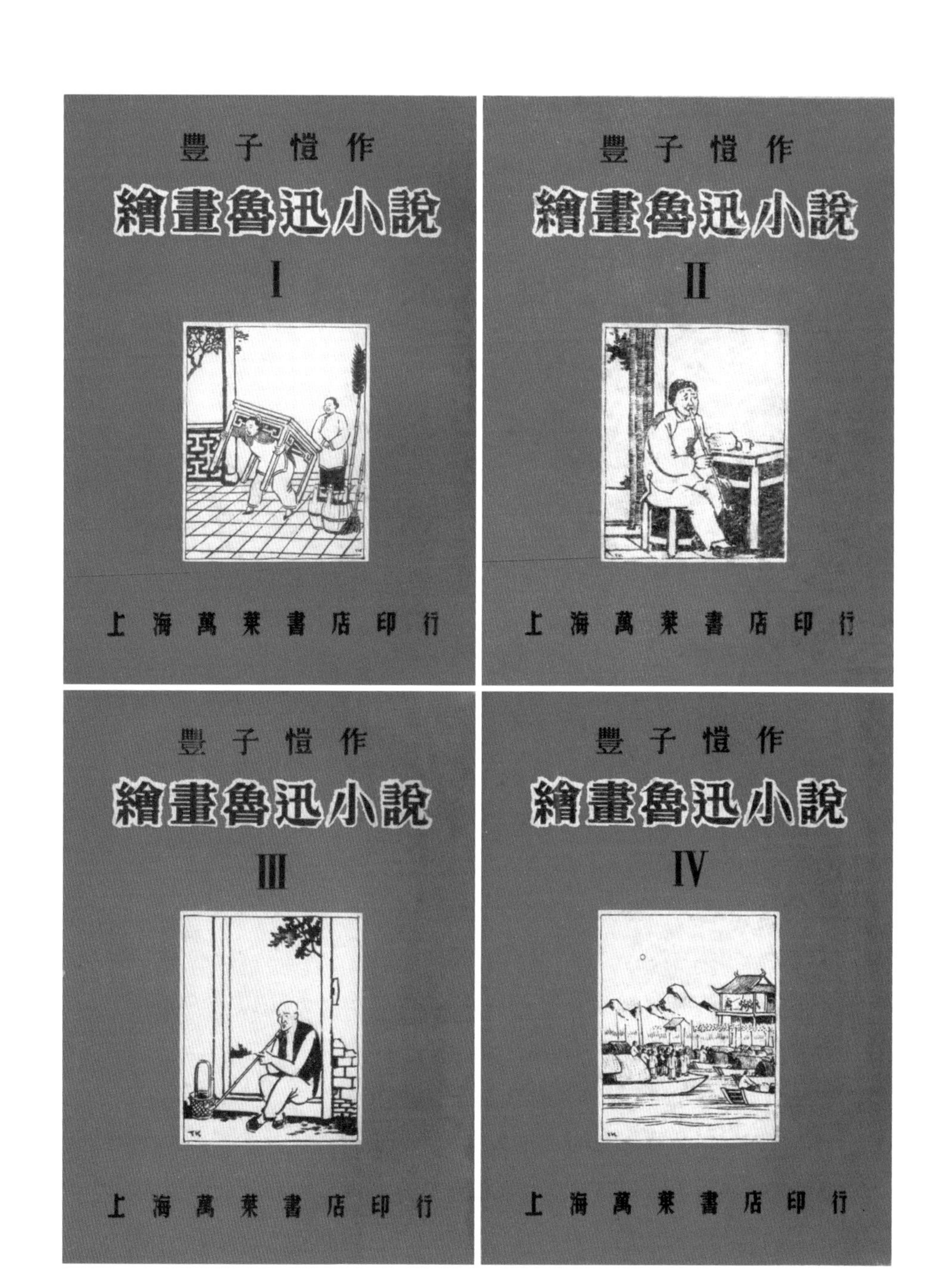
豐子愷作
繪畫魯迅小說
I
上海萬葉書店印行
豐子愷作
繪畫魯迅小說
II
上海萬葉書店印行
豐子愷作
繪畫魯迅小說
III
上海萬葉書店印行
豐子愷作
繪畫魯迅小說
IV
上海萬葉書店印行

鲁迅的呐喊，丰子恺的麦克风

因为丰子恺与鲁迅曾同时翻译《苦闷的象征》，两位大师在上海景云里鲁迅寓所有过一次亲切对话，鲁迅的坦率和豁达、丰子恺的谨慎和谦虚成就了一段文坛佳话。鲁迅在谈话中还感慨“中国美术的沉寂、贫乏与幼稚”，希望丰子恺“多做一些提倡新艺术的工作”。此次见面后，丰子恺更尊重鲁迅，更热爱鲁迅作品，越发感到自己为提倡新艺术工作的重大责任。

丰子恺为鲁迅小说最先绘画的是《阿 Q 正传》，因为喜欢鲁迅的小说，早在 1937 年春丰子恺就试着把《阿 Q 正传》当画材来作漫画。就在当年夏天，这些漫画被送交上海城隍庙附近印刷厂去付印，不料想这出版计划被“八一三”日寇攻打上海的炮火打断，画稿和锌版全部被毁。这是第一次创作。

1938 年春天，丰子恺辗转流亡到了汉口。他的学生钱君匋从广州来信，替《文丛》期刊向丰子恺索要漫画《阿 Q 正传》插图。丰子恺不顾流离颠沛，提笔重作，并陆续寄《文丛》发表。他前后寄出八幅，《文丛》刚发表了两幅，又遇上日寇轰炸广州，余下的六幅画被战火摧毁。这是第二次创作。

面对画稿两次被毁，丰子恺毫不气馁地说：“炮火只能毁吾之稿，不能夺吾之志。只要有志，失者必可复得，亡者必可复兴。”第三次创作在 1939 年 3 月，丰子恺正在桂林赶去宜山的途中。他拿起画笔从头再画，这获得第三次生命的漫画《阿 Q 正传》终于在 1939 年 6 月由开明书店出版。这就是丰子恺在抗战时期三画阿 Q 的故事。漫画《阿 Q 正传》成功出版以后，丰子恺一发不可收，把为鲁迅其他小说绘画的事列入创作计划。

丰子恺牢记鲁迅的谈话，把绘画鲁迅小说当作新艺术的工作，当作自己的一份社会责任。丰子恺知道漫画是一种不需学习的文字，文盲也看得懂，宣传力是最广的。一定要将文字立起来成为画面，让绘画来作文字的形象化注解。

丰子恺在《绘画鲁迅小说》序言中说："鲁迅先生的小说，大都是对于封建社会的力强的讽刺。赖有这种力强的破坏，才有今日的辉煌的建设。但是，目前的社会的内部，旧时代的恶势力尚未全部消灭，破坏的力量现在还是需要。所以鲁迅先生的讽刺小说，在现在还有很大的价值。我把它们译作绘画，使它们便于广大群众的阅读，这好比在鲁迅先生的讲话上装一个麦克风，使他的声音扩大。"

1950 年 4 月，新中国刚诞生不到一年，《绘画鲁迅小说》由上海万叶书店出版，书中包括《祝福》《孔乙己》《故乡》《明天》《药》《风波》《社戏》《白光》等八篇鲁迅小说的一百四十幅插图。这是丰子恺向新中国献上的新文艺的创作成果，也是对鲁迅先生最好的怀念。后来又在《绘画鲁迅小说》中加上了《阿 Q 正传》，合编成《丰子恺漫画鲁迅小说集》，共收入鲁迅小说九篇，丰子恺绘画一百九十四幅，再行出版。

鲁迅的小说，丰子恺的绘画；鲁迅的精神，丰子恺的志气；鲁迅的呐喊，丰子恺的麦克风，这就是二位大师共同留给世人不朽的新文化成果。

教师日记

丰子恺　著

1944 年 11 月

万光书局

封面　丰子恺（丰新枚绘）

教師日记
子愷自題
爸爸寫日記
新枚画
萬光書局印行

抗战中没被遗忘的一页

1938年10月24日，丰子恺应唐现之先生之邀，开始在桂林两江师范任教。就在这一天，素无写日记习惯的丰子恺开始尝试记事志感。这段日记一直写到1939年6月24日，记录了他在桂林两江省立师范学校任教期间生活、工作、交友，以及一些家长里短的情况。因为当时丰子恺的身份是教师，故名《教师日记》，由重庆万光书局于1944年出版。书的封面是丰子恺的小儿子丰新枚充满稚气的一幅画——《爸爸写日记》，这一年丰新枚才六岁。

这本书里不但记录了为保卫大广西，丰先生带领学生贴标语画漫画，作抗战宣传，还记录了他与共产党员的接触与交往。书中多次提到舒群的名字，其中就有这样一段：

> 访舒群，以画赠之。画中写一人除草，题曰《除蔓草，得大道》。此青年深沉而力强，吾所敬爱。故预作此画携赠，表示勉励之意。舒群住南门内火烧场中。其屋半毁，仅其室尚可蔽风雨，但玻璃窗亦已震破。其室四周皆断垣颓壁及瓦砾场，荒凉满目。倘深夜来此，必疑舒群为鬼物。舒群自言，上月大轰炸时非常狼狈，九死一生，逃得此身，抢得此被褥。今每晨出门，将被褥放后门外地洞中。夜归取出用之。防敌机再来炸毁也。桂林冬季多雨，近日连绵十余日不晴，地洞中被褥必受潮，得不令人生病？吾以此相询，舒群摇首曰：“顾不得了！”呜呼，悠悠苍天，彼何人哉！人生到此，天道宁论矣！

1981年，丰子恺的小女儿丰一吟为编《丰子恺文集》重读《教师日记》，读到上文，她依稀记起逃难途中给丰子恺一家提供不少帮助的舒群，就辗转查找到舒群在北京的地址并写了封信给他。信中说：“抗战期间曾见过您多次，在我父亲的《教师日记》中也看到您的名字。……我很希望从您那儿了解一下我父亲当时与周立波同志的交往的情况，以及其他有关的情况。如果您能写一篇文章（关于我父亲的）发表，定会使我获益匪浅！我现在在上海社会科学院文学研究所工作，虽然在外国文学研究室，但研究我父亲的生平与作品也是我的任务之一。所以希望能从您那儿了解到一些情况。您和我父亲的交谊绝不是一般的！”

当时舒群正卧病在床，他接受了丰一吟委托的廖倩萍女士整整两个小时的录音访谈，写出了《我和子恺》一文。摘录如下：

> 我与丰子恺先生的相识是通过什么机缘？是因为美国作家史沫特莱女士还是翻译家戈宝权的介绍？我都已不能记清。记得的只是在1938年的汉口。我们在汉口的交往却是短暂的，从春经夏，不过两个月。较长的时间是在桂林，大约跨过了一度春秋。
>
> 他比我长15岁，是我的前辈，我的师长。可他总以平辈待我，当时年轻幼稚的我，竟也跟他称兄道弟。我们一见如故，随之便成为忘年交的酒友、密友。他惯嗜花雕，而我爱喝白酒，我与他同饮，只能陪着他。……不管在汉口还是桂林，无论在他的家还是我的陋室，我们每每长时间地同饮，无休止地交谈，我跟他推心置腹，他对我肝胆相见。如果说，我有老

白干烈性的爽直，那么，他就有花雕酒柔感的真挚。

此刻，他往往要提及那念念不忘的“缘缘堂”。这座几乎以他毕生之力在故乡石门湾建造起来的家园，是他整个物质的财产、精神的财富，犹如他的生命，却在“八·一三”后，毁于日本的炮火中。讲到动心时，他落泪长叹：“我今生今世再不能够重建第二个‘缘缘堂’了！”还说：“我出走是很犹豫的、很反复的，是舍不得的，我的书都在那里啊！我为什么最后下决心带着全家逃亡，把‘缘缘堂’丢掉了、不要了呢？别人不理解周作人之所以做汉奸，我理解。周作人就是因为舍不得他北平的‘缘缘堂’，因为舍不得，他就没有出走。日本人利用了他，由此变成了汉奸。这是前车之鉴，我无论如何不能做汉奸。精神的、物质的财产我全部丢掉，就是因为不能做汉奸！”

……

当年，汉口有一条书店集中的文化街，就在这条街的读书生活出版社楼顶上，他与周立波同我，互相帮着照过相。我的单人照是他摄的。很庆幸，虽然历经磨劫，这张照片居然侥幸地保留了下来，如今仍珍藏在我身边。我和他的合影是周立波拍的，可惜连同其他留影都荡然无存了。因为我的关系，周立波和他有所交往，立波那本很有影响的《晋察冀边区印象记》，是通过我请子恺设计封面和题的字。

……

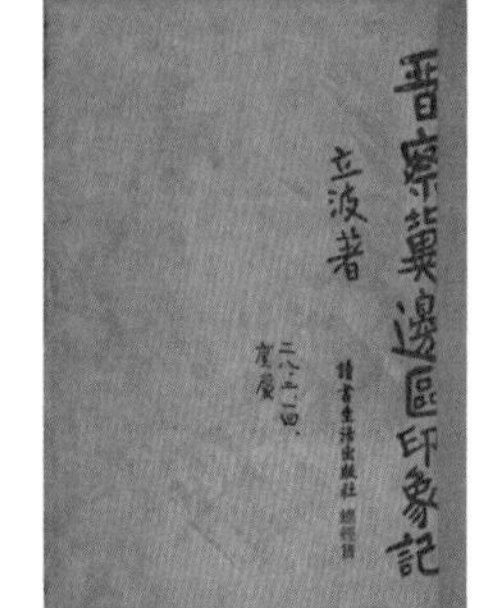

舒群接着回忆，他曾劝丰子恺去延安，丰子恺没有答应。丰先生说：“我虽然是一个自由主义者，一个无党无派的人，但也不是不向往革命，不向往进步。我反反复复考虑了你的话，有时甚至作出了去的决定，但转而又否定了自己的想法。因为，如果我们是在红军长征时结识，或者是在苏区结识，你这样劝我，我倒真有可能上延安。可现在不同，共产党的天下稳定了，我怎么能带一大家去坐享其成呢？像我这样一个没有为共产党出过力的人，去坐享共产党的果实，问心是有愧的。”

这就是丰子恺《教师日记》中一个人物引出的故事，这类故事还有很多。

异行传（第二集）

| 张默生　著
| 1947年4月
| 东方书社
| 封面　丰子恺

異行傳
第二集
張默生著

武训传

张默生 著

1946年

东方书社

封面 丰子恺

武訓傳
TK

从丰子恺的《武训传》插图说开去

提起丰子恺为小说画的漫画，人们自然会想起鲁迅小说和茅盾小说，其实还有张默生的《武训传》。

张默生是山东临淄人，1919 年考入北京高等师范学校，后回山东任教。抗战时流寓四川，受聘于重庆大学和复旦大学，新中国成立后担任过四川大学中文系主任。1957 年受到不公正待遇，在忧患贫病中度过晚年，1970 年末寂然辞世。

《武训传》原为张默生《异行传》中的一篇。《异行传》写作的缘起也颇为“异行”：抗战时张默生刚刚入川，未曾想他三个年龄从七个月到八岁的儿子一年之间竟先后被病魔夺去生命，遭此巨创的张默生常以诵研佛经自慰，时而以写作来排遣郁闷。

《异行传》的记述对象多为无名小人物及怪论奇行的人，武训也被张默生收入书中，篇名叫“义丐武训传”。后来张默生看到教育家陶行知对《异行传》的评论，说武训不是异人，不是苦行者，不是圣人，只是一个肯负责任的平常人，一个以办学为快乐的平凡人，他是一个伟大的老百姓。

陶行知的这番话促使张默生把“义丐武训传”从《异行传》里抽了出来，另印单行本出版，这便是 1946 年 5 月由济东印书社出版、上海东方书社发行的《武训传》。书中附有丰子恺所作插图二十幅，这些画，与文相配，具有连贯性的故事情节，幽默感也极强，颇具观赏性，出版后大受欢迎，当年就再版。张默生《异行传》的封面是丰子恺画的，但丰子恺与张默生交往的资料，至今没有查到。张默生十分仰慕丰子恺的绘画艺术，他在《武训传》序文中说："又承丰子恺先生为作插画二十余幅，这样，不惟可以帮助读者增加了解的成分，即单丰先生的大笔而论，已是为天下人争先观赏的。我的文字，不过仅可供画幅的说明和引申而已。"

在张默生的诸多传记作品中，《武训传》是一部影响很广的作品。讲到武训其人，不说他是个异人倒也可算是个"盖棺不定论"的奇人。生活在清朝后期的他，出生后连个名字都没有，乞讨一生，遭人打骂，受尽屈辱，却一心为穷孩子兴义学，人称"义丐"。他受到清廷的表彰嘉奖，赐名训、赐"乐善好施"匾，又赐黄马褂等，受尽荣光。

一直以来，武训得到社会各界褒奖、赞扬，人民教育家陶行知就一贯推崇武训，主张学习他的精神。1944年陶行知还找到导演孙瑜，希望把武训的事迹搬上银幕，几经周折，《武训传》终于在1951年初拍摄完成，电影一经公映好评如潮，主演赵丹曾说过，武训是他在银幕中演得最成功的角色。时任中央宣传部常务副部长的胡乔木还亲自组织评论文章，进一步宣传推广。所有这一切在1951年5月20日，《人民日报》发表了社论《应当重视电影〈武训传〉的讨论》后戛然而止。随后，江青化名"李进"，率"武训历史调查团"赴山东实地"调查"，并于7月底在《人民日报》上刊文《武训历史调查记》，将武训定性为以兴学为掩护手段的"大流氓、大债主和大地主"。一场对《武训传》全国规模的批判运动拉开帷幕，武训从高峰跌入低谷，与《武训传》相关的人都受到批评。

在受到批评的人中有一位值得一说，此人名叫李士钊，山东聊城人，与武训同乡。李士钊曾在国立上海音乐专科学校就读，抗战期间参加创办、编辑华北解放区《抗战日报》，随民族英雄范筑先将军做随军记者，1949年后任上海《新民晚报》记者，编著有《武训先生的传记》《武训画传》等。李士钊自十二岁在陶行知主编的《平民识字课本》里知道武训后，一生都在研究武训。1946 年，李士钊受陶行知所托，在上海创立“上海武训学校”，李士钊任校长，学校以《武训颂》为校歌。

1951 年初李士钊与著名漫画家孙之儁合作编著《武训画传》，与当时红极一时的电影《武训传》名声相当。1958 年，李士钊因编写《武训画传》被错划为右派，劳教四年。他虽身处逆境，仍一直关心家乡的发展，守望着聊城的文化根脉。“文革”后期，他到处奔走，请当时健在的许多文化名人和作家题写了大量有关聊城文化古迹的匾额、碑文和楹联，并无偿捐献给当地有关部门，现在我们看到的“光岳楼”上就有丰子恺 1975 年题写的一幅楹联：“光前垂后劳动人民智慧无极，岳峻楼高强大祖国文物永昌。”丰子恺 1975 年 2 月在给小儿子丰新枚的信中说：“山东聊城光岳楼，要我写对，也很大，今天也寄去。”虽然信中没写明是谁牵线，应该与李士钊有关。

1986 年 4 月 29 日，国务院办公厅下发了《关于为武训恢复名誉问题的批复》，也算是给武训平反而“盖棺定论”了。

樂善好施

儿童故事（第一期）

1946年12月

儿童书局

封面　丰子恺

兒童故事
陳鶴琴编
豐子愷画
上海兒童書局印行

儿童故事

生死关头

小朋友：

从今天起，你们可以多一个亲爱的朋友了。这亲爱的朋友是谁呢？就是这本《儿童故事》月刊呢。

——《儿童故事》创刊号创刊词

好亲切的创刊词！1946年11月，这本《儿童故事》月刊正式发行。刊物的封面很醒目，放在书架上小朋友一定喜欢。翻开月刊，内容包罗万象，有传说故事、寓言、童话、诗歌，也跟小朋友讲时事和科学，甚至还有绕口令。

刊物编者陈鹤琴，是一位儿童教育家，也是中国现代幼儿教育的奠基人。他出版课外读物、设计玩具教具、研究幼儿心理，一生都献给了儿童教育事业，直到弥留之际还颤抖地写下“我爱儿童，儿童也爱我”。他对儿童的痴迷跟丰先生不相上下。而丰先生说：“我的心为四事所占据了：天上的神明与星辰，人间的艺术与儿童。”把儿童提升到与神明、星辰和艺术同等重要的地位。两位浙江人志趣相投，目标一致，因此，《儿童故事》的封面设计自然由丰子恺担当，而创刊号安排的第一篇文章也非丰子恺莫属。

这篇文章叫《生死关头》，属传说故事，一开头就把小朋友吸引住了：

> 小朋友听了我这故事，恐怕要心惊肉跳。但只要你聪明，也就不可怕了。

故事说的是一位孝子为母亲抓药的惊险经历。孝子住在荒山之中，附近的山都是峭壁，高数千丈，无人爬得上去，只有鸟可以飞上飞下。有一种当地人称作“神鸦”的鸟常在峭壁的凹处作窠，因为这里安全，没有人或其他动物能够上去偷它们的蛋。而山里人认为，神鸦的蛋可以医治一切疑难杂症，是一种世间无双的良药。

孝子的母亲年已六十，有次病得非常危险，吃各种药都无效果。于是孝子便下定决心，去取神鸦的蛋。

神鸦的窠离地面大约有一百多丈，再往上数十丈便是峭壁的顶，顶上有一株老树。孝子观察后决定从后山爬上峭壁顶，用几十丈的索子从老树干上挂下来，用荡秋千的方法荡过去，这样就可以站在石床上而取得神鸦的蛋。这是唯一的办法。

次日孝子带了索子、布袋和干粮向峭壁后坡进发。爬山过岭，走过崎岖的路，下午方才走到峭壁顶的老树旁。他把索子的一端牢牢地缚在树干上，鼓起勇气，两手紧握索子，一把一把地送下去。他的眼睛不看下面，恐怕看了要心慌。这石壁不止垂直，又且向外扑出，所以他的身体越缘下去，离开神鸦窠越远。到了石壁凹处神鸦生蛋的石床，他的身体离开神鸦窠已有大约两丈的距离，孝子已能看到草窝里两个雪白的大蛋。于是他用荡秋千的方式，将绳索前后摇摆。绳索摆荡的幅度愈来愈大，终于，他的脚踏住了峭壁凹处的石床。他站住了，抽一口气，把索子的下端打个圈，套在头颈里，俯身下去取蛋。

当他装好神蛋，不料一个失手头颈里的索子圈摆脱了！那索子圈飞也似地荡了开去。他一时心慌意乱，不知所措。眼看那索子又荡回来，荡到离开石床两三尺的地方，然后又是一个来回。在这数秒钟之间，他的聪明来了。他想：如果下一次再抓不到索子，这索子会越荡越远，将终于垂直地挂在离开他两丈远的空中。如果拿不到手就是死路一条。在这生死关头，他果断地等索子第三次回来时，毅然奋身一跃，果然，他抓住了索子！然后他慢慢地缘上去，终于爬上岩顶。

一個失手索子圈飛也似的蕩了開去

最后一段丰子恺是这样结尾的：

> 至于神蛋，是否真能医好他母亲的病，我没有详细查明，诸位小朋友也不必追究。我讲这故事的兴味，全在抱住索子这一段。诸位小朋友设身处地的想想，也许要心惊肉跳。但只要你有毅然决然的果敢力，只要你聪明，也就不可怕了。

儿童故事（第二期）

1947年1月

儿童书局

封面　丰子恺

兒童故事
陳鶴琴編
豐子愷畫
2
上海兒童書局印行

儿童故事

一篑之功

1947 年 1 月，《儿童故事》第二期出版。书封设计还是丰子恺，书名照旧用那一眼就认得出的“丰体”毛笔字。跟印刷体不同，亲笔写的书法就是会让小读者获得满满的亲切感。封面画是《松林远眺》，丰子恺画了五个小朋友爬上山顶看风景，他们在看什么样的风景？其实风景就在书里了。在这一期里，丰子恺有一篇文章，叫《一篑之功》，他说：

> 古人有一句话，叫做“为山九仞，功亏一篑”。就是说造一座山，已经造到九仞（八尺）高了，再加一篑泥土，山就成功。一篑就是一畚箕，缺乏这一点就不成山。故凡事差一点点就不成功，叫做“功亏一篑”。譬如小学六年毕业，你读了五年半不读了，便是“功亏一篑”，这一篑之功，是很大的！

故事是丰子恺逃难期间在四川听到的。说有一个叫做自流井的地方产盐有名，但这种盐井不是随地可开的。这井的口只有饭碗口大小，却深至数十到数百丈。用一个长竹筒吊到井底打上盐水，用火烧干便成为盐。抗战期间海边被敌人封锁没有盐进来，大后方的大部分食盐全靠自流井供给。这地方有数百口盐井，盐的产量非常大。每个盐井上面都有一个挂竹筒的高架子，总共几百个架子，远望风景很好看，丰子恺还特地画过画。

掘盐井先须请内行专家来看地皮，因为多少深的地方有盐水是说不定的，要打下数十百丈深的井需要几个月才能见分晓，所以掘盐井是一桩冒险的事业。

丰子恺曾参观过当地的“金钗井”，这口井得此大名是有故事的。

有一位穷寡妇为了子女打算掘一口井，请专家看地后再请掘井工人来挖，她每天供工人工钱和饮食。工人们掘了数十天没有盐水，再掘一百多天还是光见石屑。寡妇不甘心，卖掉几匹布又掘三天，卖掉几担谷再掘三天。最后老板娘弹尽粮绝，连伙食都开不成了。但她觉得工人们很辛苦，最后一天非款待他们不可，于是拔下头上的金钗来典质了钱，买来酒和肉答谢工人们。工人们吃了她金钗换来的酒肉之后很是感激，一致决定免费替她再掘三天。

第一天、第二天还是没有盐水，到第三天收工前，忽然大量的盐水来了！这井掘通了盐水的大源泉，成了自流井地区最大的一个盐井。结果当然皆大欢喜。

因为寡妇典质金钗来款待工人，所以工人奉送三天；因为奉送三天，所以掘井成功。因此这井就称为“金钗井”。假使寡妇不典金钗来买酒肉款待工人，就不会再延长三天，那么这盐井就“功亏一篑”了！由此可知一篑之功，非常伟大！

掘井成功，是科学加上毅力的结果。

儿童故事（第三期）

| 1947年2月
| 儿童书局
| 封面　丰子恺

兒童故事
陳鶴琴編
豐子愷畫
3
WAR
上海兒童書局印行

儿童故事

伍元的话

1947 年 3 月，《儿童故事》如期出版。天气渐暖，丰子恺在封面上应景画了这幅雪人图。太阳的威力越来越大，头顶 WAR（战争）铜盆帽的雪人哭丧着脸，眼见得日渐消瘦。画中的寓意很明白，1947 年抗战虽然结束，但内战还在继续，丰子恺多么希望战争快快结束，人民能过上安定的日子。“最喜小中能见大，还求弦外有余音”，丰子恺的画能让人看一看之外还要想一想。

本期丰子恺的文章题名《伍元的话》。故事跨度十多年，从一个独特的角度反映时事政局、社会百态。故事的主角是一张伍元纸钞，用第一人称写成。文中“铜墙铁壁的房子”是银行；“比我年长的人”是拾元钞票拾先生；他还有兄弟，就是其他大小票面的钞票们。

伍先生曾身为“学费”进过学堂，又因为日寇入侵学校难以为继，作为“遣散费”落入门房麻子伯伯的口袋。他曾被麻子伯伯舒服地包在小毛巾里，但不久一担大米让米店老板成了他的主人，那是 1937 年。时逢上海松江沦陷，米店老板为逃战乱，将伍先生塞在臭气熏天的袜底；为避警察搜身，可怜的伍先生还被迫钻进黏答答的粽子里，后来又被缝进裤边。想必后来米店老板一家逃难到四川，因为四五年后一个四川妇人从旧货摊上买到米店老板的旧裤子。此时伍先生从 1937 年能买一担米的身价，沦落到只买得到一只鸡蛋，最后，只剩一壶开水的价值。四五年后伍先生随一位眼镜先生回到上海，在以前的学堂又遇见了当年疼他爱惜他的麻子伯伯。抗战已经“胜利”，而伍元先生的身价却跌到连给叫化子都不要了，真是一落万丈了！怪不得伍先生要冲着从前的主人大叫：

“你曾经爱我，用小毛巾包裹我，后来拿我去换一担米的！自从别后，我周游各地，到过四川，不料现在奏凯归来，身价一落万丈，连叫化子都不要我，只落得替人垫桌子脚！”

伍元先生最后体现的价值是补窗洞，作为学堂门房的麻子伯伯和他相伴一生。但伍先生也是有理想的，他希望“我们的宗族复兴起来，大家努力自爱，提高身份，那时我就可恢复一担白米的身价了”。

丰子恺从儿童的视角行文，生动有趣，有时让读者觉得身临其境，简直自己就是伍元先生了。这样的故事孩子们更爱看，同时也如实反映了社会现象，起到了教育作用。丰子恺的文章亲民接地气，这就是他的作品受几代人喜爱的原因。

儿童故事（第四期）

1947年3月

儿童书局

封面　丰子恺

兒童故事
陳鶴琴编
豐子愷画
4
上海兒童書局印行

儿童故事

博士见鬼

《儿童故事》第四期，丰子恺给小朋友讲了个“鬼故事”——《博士见鬼》。因为篇名比较惊悚，好奇者往往会先翻这一篇。丰子恺子女多，给孩子们讲的故事也多，故事越讲越精炼，于是就写下来和小读者一起分享。在《儿童故事》月刊里，每一期都有丰先生一篇精彩的小故事，等这些儿童故事积攒到一定数量，儿童书局索性于 1948 年 2 月出版了故事集，书名就叫《博士见鬼》。

这一期的故事其实不是鬼故事，主人公林博士曾留学西洋，得过国际学术研究奖，是一个光明正大的科学家，不会相信鬼神那一套的。可是，林博士偏偏吃了“鬼”的苦头。

话说林博士的妻子是研究数学的，他们夫妻恩爱。但婚后林太太得了重病，临终前林博士信誓旦旦跟妻子发誓：“我永远为你守节！我永不再和别人结婚，请你安眠在地下等候我吧！”

林博士鳏居很寂寞，日常生活也非常不便。他在亲戚朋友的劝导下决定续弦，他想，虽有过誓约，但妻子一定不愿意叫自己独居受苦。

太太去世三个月后，他就和同样是知识分子的李女士结婚。但林博士还是有心病的，失信背约让他心虚，常常做噩梦乱喊，思想斗争后，林博士最终跟李女士说出了自己的担忧。

李女士大为惊骇，她疑心林博士的梦呓胡诌是前太太在暗中作祟。从此林博士夫妇半夜里常常见鬼。门角落里仿佛有一只面孔……一个女人走上楼梯又忽然消失……甚至半夜里听见女子的啜泣声，更有两人一同梦见前妻披头散发，血流满面，来拉他们同到阴司去……

第一任妻子逝世周年时，林博士夫妇请来和尚诵经，他俩跪拜在灵座前向死者道歉，请求原谅。可是，令他俩惶恐不安的是：次日早晨，灵座上的纸牌位已

经反身，面向着墙壁了！第二天、第三天也一样！毕生研究科学而不信鬼的林博士此时已确信有鬼；李女士更不消说，病了一春一夏，又是一命呜呼！

又到冬至，林博士为两位妻子祭祀。和尚经忏散后，满腹狐疑的林博士独自在灵堂前发一誓愿：“我今晚不睡，灵前坐守一夜。倘真有鬼，即请今晚显灵，当面旋牌位给我看！”夜深了，四处寂静下来，唯有邻家农夫打米“砰，砰”之声传来，林博士眼看着两个纸牌位在桌上一跳一跳地转动，每一跳与打米的每一“砰”相合拍。终于他明白了：原来邻家打米使地皮震动，地皮影响到桌子，桌子影响到纸牌位，然后纸牌位也跟着跳动。又因桌子稍有点儿倾斜，故纸牌位每一跳动必转变其方向；转的角度极小，然而打米连续数小时，振动不止千百次，纸牌位跳了千百次，正好旋转一百八十度，便面向墙壁了。

林博士恍然大悟，他拍着灵座大声叫道：“鬼！鬼！原来逃不出物理！”继续又慨叹道：“倘使去年就发现这物理现象，我的后妻是不会死的！她死得冤枉！”

一切真相大白，但已经来不及了。丰子恺给小孩讲的故事正应了叶圣陶对丰子恺的评价：“出人意外，入人意中。”

儿童故事（第五期）

1947年4月

儿童书局

封面　丰子恺

兒童故事
上海兒童書局印行
5
WAR
陳鶴琴編
豐子愷畫

儿童故事

赌的故事

1945 年抗战结束后，丰子恺带着一家老小从大后方辗转回到江南，1947 年 3 月举家迁居到杭州西湖边紧邻招贤寺的一个小平屋。当时内战不断，民众对战争深恶痛绝，丰子恺在小平屋画了反战漫画《猛兽》，作为这一期《儿童故事》的封面。

掀开封面，目录中有丰子恺写的《赌的故事》，这个故事也是在小平屋里完成的。故事是丰子恺儿时听来的，是真是假已经不知，故事情节特别，听者一定会很纳罕，所以他就写出来给小朋友看。

《赌的故事》可能发生在作者的家乡浙江桐乡：

> 我做小孩子的时候，每逢新年，镇上开放赌博四天。无论大街小巷，到处都有赌场。公然地赌博，警察看见了也不捉。非但不捉，警察自己参加也不要紧。因为这四天是一年一度人人同乐的日子；而警察也是人做的。那是前清末年的事，大家用阴历，警察局叫做团防局，警察叫做团丁。
>
> 后来民国光复，废止阴历，改用阳历，公开赌博也废止，虽然人家家里及冷僻的地方，仍有偷偷地赌博的。我向大后方逃难，去了十年。我重归故乡，今年过第一个新年，我很奇怪：胜利后的阴历新年，比抗战前的阴历新年过得更加隆重，好比是倒退了十年。记得抗战以前，阴历新年虽然没有尽废，但除了十分偏僻的地方以外，大都已经看轻，淡然处之。岂知胜利以后，反而看重起来：公然地休市，公然地拜年，有几处小地方，竟又公然地赌博。这显然是沦陷区遗留下来的

腐败相，这便是战争的罪恶。

赌博中有一种叫做“打宝”。即：摆赌的主人秘密地将写有“宝”字的四方木片放入一只四方匣子中，将木片侧面的“宝”字向着某一边，然后盖好匣子，拿出来放在桌上，叫人猜度“宝”字在哪一边。赌客可以押宝在东南西北四个方向，猜中哪一面哪一面的人就赢，主人要给三倍的钱；另三面猜不中的都归主人没收。

有个人想靠赌发财。他借了大笔款子作本钱，在新年里摆宝。赌客在大房间押宝，他在一墙之隔的小房间里做宝，通过壁上的小窗洞由伙计传递匣子。赌客们打宝打齐后，伙计嘴里唱着把宝匣的盖揭开，打赢的主人加配三倍，打输的主人把三边的钱一概吃进。主人自己是不出来对付赌客的，但他可从布幕里探听赌场的情形，知道输赢的消息。

这一天开赌，主人运气很不好，他听见大房间里一次次欢呼声，又听见伙计把他所有的钱都配出去还不够，还负了债。这一急，急得人发晕了！此时，宝字押在“天门”方向，赌客们想，上次“天门”上庄家大输，这次宝字决不会在“天门”，于是大家打其余的三门。谁知伙计开出宝来，宝字又在“天门”上！于是庄家统统吃进，所负的债居然还清了一半。

赌客们想：“天门”上一连两次，如今决不再在天门上了。于是大家坚决地打其余三门。谁知伙计开宝，第三次又是“天门”！大批银钱全部吃进，庄家还清了债，还赢了不少。接下来第四次又是“天门”！第五次、第六次还是天门！更大批的银钱全部吃进，庄家发了财！赌客们喧嚣起来，但也无可奈何，只是惊讶庄家好大胆。

如此下去，一连十次统统是天门。庄家发了大财，银钱堆了两大桌子。赌客们大嚷起来，都说：“从来没有这种赌法！”一定要叫主人出来讲话。伙计也被弄得莫名其妙，就推门去看主人。但见主人躺在榻上，一动不动，手足冰冷，早已气绝！原来第一次天门上大输的时候，主人心里一急，竟急死了！

儿童故事（第六期）

1947年5月

儿童书局

封面　丰子恺

兒童故事
陳鶴琴编
豐子愷画
6
上海兒童書局印行

儿童故事（第九期）

1947年8月

儿童书局

封面　丰子恺

9
兒童故事
陳鶴琴
胡叔異編
豐子愷畫
上海兒童書局印行

儿童故事

大人国

柳条飘逸，桃花盛开，小白兔们排队游春，动作还特别整齐划一。《儿童故事》的封面越来越萌，越来越受小朋友喜欢。本期照例有丰子恺写的故事（第六期和第九期连载），它跟封面一样吸引人。故事叫《大人国》——并不对应英国作家笔下的《格列佛游记》中的小人国——故事里的“大人”和正常人一样高矮胖瘦，相对贬义词小人，他们是内心纯洁，品格高尚的大人。丰子恺接着说：

> 这个国在什么地方？我忘记了。但我曾经去玩过，觉得很特别，所以讲给诸位小朋友听。这国内的社会状态，与我们的国内相同，有农夫，有工厂，有市场，有学者和公教人员，而且也有叫化子，贼骨头，和强盗。他们也有语言文字，但是他们对于有几个字的解释，意义与我们相反。譬如物价涨的“涨”字，他们当作“跌”字讲。福利的“利”字，他们当作“害”字讲。“吃亏”两字，他们当作“便宜”讲。……这样一来，他们的人事就和我们不同，简直使我们笑杀。

我们买东西总希望多得东西少出钱。他们却相反，为了多付钱少拿东西和商家争得面红耳赤：一个不肯多要，一个偏要多给；一个一定要多付钱，一个追上去硬是把钱还了。小孩子买东西容易受商人欺侮，但在大人国里，小孩打半斤油给一斤半不止，钱还付得特别少。母亲去交涉，好不容易倒回去一点油，却挡不过老板扔回来的钱，最后老板连呼“蚀本生意”。市教育局门前有大批教师示威请愿，“要求减低待遇！”“要求政府保证以后不再预发薪水！”单身教师派到两幢三层楼洋房，政府还隔三差五送衣服、送布料、送面粉奶粉……甚至还要送每个教师一辆小包车！乞丐倒过来求着给施主钱；小偷往作者包里偷塞金条；窃贼钻洞入室在房间里塞足了钞票；卡车司机路遇强盗，被装了满满一卡车大米——绝对超高……

故事情节匪夷所思，看上去清奇梦幻无比美好，但反过来想，实际上丰先生抨击了当时社会上的种种不平现象。而这，恰恰体现了他的“有时不暇歌和泣，且用寥寥数笔传”的初衷。故事的结尾引人深思：

> 因为有要事，我在这一天就离开大人国，回到我自己的中华民国来。被扒来的两根金条，依旧存在我的破皮包里。我回进中国，搭上火车。下车的时候，觉得皮包忽然又轻了。打开一看，只有衬衣，毛巾，牙刷，牙膏。那两根金条已经不见了。我记起了，我在火车中看《申报》时，觉得旁座的人摸索摸索，金条一定是他拿去的。我高兴得很，我想：“到底是中国！我们的乘客比他们的警察更好。他知道我被扒了，自动替我还赃，而且不告诉我，免得我报谢他。到底是中国！”

这篇文章对话有趣生动，附图更好玩，篇幅有限，请读者自己找书看吧。

儿童故事（第七期）

1947年6月

儿童书局

封面　丰子恺

兒童故事
上海兒童書局印行
7
陳鶴琴
胡叔異 編
豐子愷 畫

儿童故事

有情世界

这期封面太可爱了！放风筝的小朋友坐在大鱼背上，大鱼游得快，风筝放得高。连他们的小猫（名字可能叫“阿咪”）也在放风筝行列，他坐在大鱼的孩子——小鱼身上，放个小气球应应景，小猫没有手，那绳子就缚在小猫脖子上。这样离奇的画面只有小朋友会大胆想象，饱经世故的大人是想不到的。但是，丰子恺想到了，因为他热爱儿童，崇拜儿童，凡事总会从儿童的角度去看，去想。

这一期里的故事《有情世界》，跟封面有异曲同工之妙，故事里的花草树木都按小朋友的思路变成了主人公阿因的朋友，他们一起在山上看月亮，营造出一个温馨的有情世界。

故事的文字也很优美：“山顶四周围站着的松树一齐‘哗啦哗啦’地笑起来。阿因向四周一望，但见他们一个长，一个短，一个蓬头，一个尖头，大家正在探头探脑地望着石桌上的花生米和巧克力，嘴里都滴着口水呢。”“白云就慢慢地变样子，先把身子伸长，变成一条，然后弯转来，变成一个白环，绕在月亮姐姐的四周。”附图虽然是黑白的，但能感觉到色彩的丰富。

阿因小朋友就是丰子恺笔下一个不得不赞美的儿童，他替凳子的脚穿鞋子，同泥娃娃相骂，给枕头吃牛奶。这些天真忘我的情节其实就来自丰子恺的一群儿女。丰子恺觉得阿因这孩子很像宋朝大词人辛弃疾，因为辛弃疾也将松树当人看。有诗为证：“昨夜松边醉倒，问松‘我醉如何？’只疑松动要来扶，以手推松曰‘去！’”而且，也有丰子恺的同题漫画为证。

故事很简单，阿因做了个梦，梦见月亮姐姐邀他上山野餐。他给蒲公英吃花生米，和杜鹃花们、松树们吃点心赏月，天空中白云伯伯围绕着月亮，大家一起谈笑风生。阿因是跟溪涧妹妹一齐下山的。溪涧妹妹会唱许多的歌，在路上唱给阿因听，一直唱到阿因家门前的河岸边，方始“再会”分手。阿因在路上，从溪

涧妹妹那学得了一曲最好听的歌。

好一个有情世界！

丰子恺说过：“我往往要求我的画兼有形象美和意义美。形象可以写生，意义却要找求。倘有机会看到了一种含有好意义的好形象，我便获得了一幅得意之作的题材。”同样，丰子恺的写作也充满了形象美和意义美，表达了对美好的追求、对和平的向往。他的童心感染了几代人。

儿童故事（第八期）

1947年7月

儿童书局

封面　丰子恺

8
兒童故事
上海
兒童書局印行
陳鶴琴
胡叔異編
豐子愷畫

儿童故事

种艾不种兰

这一期的封面真是异想天开，小孩子坐着大鸟索性飞上天了。丰子恺在《幼儿故事》中这样说过：“你们对孩子讲话的时候，须得亲自走进孩子的世界中去，讲他们的世界中的话。即你们对孩子讲话的时候必须自己完全变成孩子。”丰子恺就是这样一个可爱的大人，他彻底投入儿童这个角色，代表他们画出一幅孩子们心中的理想图。这样的封面孩子们怎么会不喜欢。

这期的故事带有哲理性，是从白居易的诗《问友》讲开去。

种兰不种艾，兰生艾亦生。
根荄相交长，茎叶相附荣。
香茎与臭叶，日夜俱长大。
锄艾恐伤兰，溉兰恐滋艾。
兰亦未能溉，艾亦未能除。
沉吟意不决，问君合何如。

这首诗丰先生的子女都背得滚瓜烂熟，其中的含义却需要讨论一番。于是，有了《种艾不种兰》这个故事。香香的兰草和臭臭的艾草长在一起，盘根错节。除艾怕伤了兰，浇兰又担心艾草也得到滋润。左也不是右也不是，有得有失不能两全，你看怎么办。

故事中爸爸和五个孩子各抒己见，有的说把艾草一根一根地拔去，但爸爸说兰草的根会带起来；有的建议让臭臭的艾草变香，爸爸否定了这个想法。终于有孩子悟出，这首诗是比方世间的事。世间有许多事，同这一样左右为难。

爸爸要求每个孩子说出一件同样难办的事，孩子们顿时来劲了。有的说只想上唱歌、游戏和图画课，但老师不肯；有的喜欢电灯的光，但讨厌那些在电灯四周飞舞的飞虫；有的想起逃难时在重庆乡下，房东的狗吓跑强盗，但客人也不敢来了；还有的孩子回忆起抗战时期美国飞机到沦陷区炸日本鬼，但日本人和中国人住在同一区域，这令盟军的飞机很为难。

最小的孩子最直白，他说："妈妈裹的肉粽子，肉很好吃，糯米不好吃。我想只吃肉，不吃糯米，妈妈说：'不行，要吃统统吃，不要吃统统不吃。'"说到这里，孩子一脸悲愤……当然故事的结尾对孩子们来说很完美，妈妈答应最小的孩子："你要吃肉，不要吃糯米，明天我烧一大碗肉给你吃。"

一个皆大欢喜的故事，同时说明了一个世间的道理。

儿童故事（第十期）

1947年9月

儿童书局

封面　丰子恺

兒童故事
上海兒童書局印行
10
陳鶴琴
胡叔異編
豐子愷畫

儿童故事

夏天的一个下午

《儿童故事》每月一期，封面画经常随着季节变化。跟之前的图不同，这一期的封面回到了现实。杭州西湖，孩子们穿着好看的衣服端坐在船里，面对湖光山色，个个心旷神怡——其实这时候丰子恺本人也和孩子们一样开心，他常常设身处地地体验孩子们的生活，常常把自己变成儿童而观察儿童。在现实生活中，丰子恺虽然忙于写作、画画、翻译，他还是抽出时间不余遗力地关心、教育、培养孩子们，陪孩子们玩是他最大的乐趣。

这一期里，丰子恺写的故事叫《夏天的一个下午》，文中所写的游戏，就是他和小儿女们常玩的。故事从孩子们上午刚刚背过的六言诗开始，每句还配上一幅图：

公子章台走马，老僧方丈参禅。
少妇闺阁刺绣，屠夫市井挥拳。
妓女花街卖俏，乞儿古墓酣眠。

原来他们玩的是掷骰子拼句子游戏——三粒大骰子，每粒骰子的六个面分别写上人物、地点和事件——即第一粒骰子的六个面分别写上人物，第二粒写上地点，第三粒写上事件。然后通过掷骰子随意组合，产生奇特的效果。临时组成的句子有时解释得通，有时荒诞无奇，丰子恺和孩子们想方设法把句子解释通，但很多时候往往大家捧腹大笑。这样的游戏可以持续好久，一个闷热的下午就在笑声中爽快地过去了。

后来游戏有了改进，丰子恺和孩子们把人物、地点和事件换了。比如第一只骰子上写“爸爸、妈妈、哥哥、姐姐、弟弟、妹妹”；第二只骰子上写“在床里、在厕所里、在街上、在船里、在学校里、在火车里”；第三只骰子上写“吃饭、唱歌、跳绳、大便、睡觉、踢球”。掷出来的如果是“爸爸在床上睡觉”“哥哥在学校里踢球”“姐姐在船里唱歌”“哥哥在厕所里大便”“弟弟在学校里跳绳”，便是对的好的；如果是“爸爸在床里大便”“妈妈在火车里跳绳”“姐姐在厕所里踢球”那就要受罚。之后，这些骰子的人物、地点和事件一直在替换，玩厌了就另想一套新的。这种玩耍比打扑克牌另有一番风味。

这个游戏在丰家三代人中一直持续着，亲爱的读者，你也来玩玩看？

儿童故事（第十一期）

1947年10月

儿童书局

封面　丰子恺

11
兒童故事
上海兒童書局印行
陳鶴琴
胡叔異 編
豐子愷 畫

儿童故事

油钵

这一期的封面丰子恺画了骑象图，胆子大的小朋友一定也想爬上去试试，更想打开书页翻翻。丰子恺画给儿童的漫画往往突破成人想象：女孩骑大白鹅，还有的骑上了月亮晃来晃去；孩子和月亮对话，更想请月亮下来玩……丰子恺曾说："年纪越小，其所见的世界越大。"他特别了解儿童的心理，因为他一直在努力做儿童——心灵纯洁的儿童。

这一期里照样有个故事，很适合小孩子看，内容跌宕起伏，画面感很强。丰子恺特地画了两幅插图，大象张牙舞爪的，小朋友看后一定过目不忘。通过这个故事，作者告诉孩子们一个道理：要完成一件事——尤其是特别艰难的事——一定要专心致志、坚定不移。

故事说有个国王要选忠诚稳重的人来做宰相，他发现有个小官最为合格，便决定考验他。有一次小官做错了件很小的事，国王要他捧着满满一钵油从北门走到南门，路上不许掉出一滴。如果做得好，封他做宰相；如果掉出一滴油，立刻斩首。一钵油有十余斤重，油满到钵口几乎溢出来。油钵旁边站着一个刽子手，拿着一把闪亮的大刀负责押送。

从北门到南门有二十里路，这令小官几乎绝望，但他想，无论如何还是要尽平生之力去做这件难事，万一成功，还有活的希望。他下了这样的决心之后，就振作精神，双手捧起油钵，开始上路。

他两眼注视油钵，绝不看别处；他两耳几乎关闭，一概不闻不听，心中只有一个"油"字。有看热闹的大群人簇拥在他的周围，他全当没人；他的夫人、孩子和亲戚们在他身边悲叹呜咽，甚至号啕大哭，他都没有听见，因为他心中只有"油"。一只疯象闯进市内，踏伤行人，撞破房屋，人们东西乱窜大喊救命，他丝毫不受影响，因为他心中只有"油"。大街上失火，许多人被火灼伤，火星

飞到他的衣服上，消防队员救火的水浇到他的头上，但他对于周围的一切没有感觉，因为他心中只有“油”。

他聚精会神地盯住油钵，步履平稳，用最大的控制力捧着油钵缓缓前行。终于，国王指定的地点已经到了！这时候他方才从“油”中惊醒过来。刽子手恭敬地称他宰相爷，国王已经预先派人来接他了。果然，国王的预料很正确，此人有绝大的毅力，无论何事能够专心致志、坚定不移地去办，且一定办得成功。

经过这番考核，国王更加信任他，封他为丞相，把国家大事全权委托给他。后来这个国家迅速进步，繁荣昌盛。

丰子恺这个故事里的国度子虚乌有，但他心底里希望中国为政清廉、国泰民安。

儿童故事（第十二期）

| 1947年11月
| 儿童书局
| 封面　丰子恺

12
兒童故事
上海兒童書局印行
陳鶴琴
胡叔異編
豐子愷畫

儿童故事

赤心国

在《儿童故事》第 8 期的《种艾不种兰》中，丰子恺曾说起小朋友希望只上唱歌、游戏和图画课，他们不喜欢国语和算术。这回丰子恺摸准了儿童的心思，在第 12 期的封面上给小朋友一个欢乐的歌唱画面。其实唱歌课也非常重要，儿时唱的歌最不容易忘记，艺术教育就是要从小抓起。丰子恺六十岁时写过一篇《回忆儿时的唱歌》，他说：“这是我们最初正式学习唱歌，滋味特别新鲜；所唱的歌曲也特别不容易忘记。直到五十年后的今天，我还能背诵好几首可爱的歌曲。”

这一期的故事纯属虚构，叫《赤心国》（也叫《明心国》）。有句成语叫“推心置腹”，即把自己赤诚的心交给对方。丰子恺就此大加发挥，写下了生动故事，还配画了三十一幅插图。

抗战时期，有一个军官逃警报时躲进一个山洞，山洞很深，等他走出已是另外一个洞口。洞外竟是一个陌生的世界，眼前都是身上长毛的“野人”，每个人都有一颗暴露在外的“赤心”。他们非常善良，比如军官饿了，虽然语言不通，“赤心人”知道他饿，就给他吃烧熟的马铃薯，这是赤心人的主食。他们吃“饭”的时候大家围坐在一起，国王坐在圆形的中央，人手一碗，吃得很开心。

原来在赤心国里有王，有军官，还有平民。他们每天在地里种马铃薯和甘蔗，也有在大窑烧碗盏的。他们工作认真而尽责，从不偷闲，永不争吵。忠勤简朴的民众，和平欢乐的景象，外来的军官觉得真可佩而可羡，觉得这正是一个理想国家的缩型。

军官又发现，他们五百人中若有一人冷了，其余的人都觉得冷，于是派人赶快给他添衣；若有一人饿了，大家马上也会感到饿，只有那位饿的人吃饱后，大家才舒服；若有一人遇到恐怖的事情，其余的人都会有同样的感觉，马上有人去帮助他。他们个个都有赤心，会知道别人的冷暖饥饱，正所谓心心相通。军官很想跟他们一样同甘共苦，他自己做了一件带有心脏形状的衣服，但是，却无法制造赤心。

同样，赤心国国民也看不懂没有赤心的外来军官。军官随身带着的钥匙令他们感到奇怪。军官解释“钥匙是防小偷的”，赤心人更不明白了，“怎么可以偷呢？你们世界上的事真奇怪！”赤心人对军官口袋里的钞票也很好奇，军官解释说：“这是我们世界上最重要的东西。拿了可以去买东西，但是没有钞票便不能买。我们世界上很不好，有些人有很多的钞票，有些人一张也没有。没有钞票的人便只好挨饿。”军官越说越觉得愤恨羞惭，不胜羡慕赤心国的国民。此时作者借军官的口不禁感叹：“这里真是一个理想的世界！我以前把他们当作野人看，这真是亵渎了他们。原来这里不是野人国，这里是赤心国！那些钥匙，钞票，的确是奇怪的东西，是可耻的东西！”

其实军官口袋里还有更可耻的东西，那是一把枪，足以要人命的枪。把枪带进赤心国可谓大逆不道，因此心虚的军官只得谎称其是一个“精美的饰品”。军官一直小心翼翼，但谎言长不了，有一次国王玩弄这“精美的饰品”时不慎走火，军官受了重伤，当然，他的苦痛赤心人感觉不到，因为军官没有那颗赤心。国王觉得军官人倒是很好，但从他的口中发现，洞外的世界的确是很坏的。最终，当地人没有接纳他，在他睡着的时候，将他捆起来放到一条船上逐出洞口。等军官醒来的时候，发现自己已被一只大轮船救起。他把他所遇的一切告诉船员，但没人相信。军官不管他们信不信，在他心里，永远憧憬着赤心国里的善良美好、和平幸福的生活，并希望把我们的现实社会也改成赤心国。当然，这也是作者丰子恺的愿望。

丰子恺一连画了十二期《儿童故事》封面，之后，他便在这份期刊上只发表儿童故事，依旧每期一篇。

子恺漫画选

丰子恺 绘

1946年12月

万叶书店

封面 钱君匋

彩色版
子愷漫画選

子恺漫画选

丰子恺　绘

1951年4月

上海万叶书店

封面　钱君匋

彩色版
子愷漫画選
TK
上海萬葉書店刊

万叶书店“钱封面”

据说，丰子恺的学生钱君匋有一次酒后戏言：“别人曾冠我以十个家，即：音乐家、文学家、书籍装帧家、画家、书法家、篆刻家、教育家、收藏家、鉴赏家、美食家。”说完，他又自己补充了一个“家”——资本家。钱先生这里所说的资本家，指的是他经营万叶书店的一段经历。

钱君匋涉足出版业，成为装帧设计家，经营万叶书店，还要从他二十年代初在上海专科师范学校就学时说起。当时，丰子恺刚从日本“游学”归来，正在这所师范学校任教，他很欣赏钱君匋的天资颖悟与艺术才华，予以破格免试录取。丰子恺为钱君匋等学生讲授的是西洋绘画艺术，以及图案描绘等学科。丰先生的学生中还有位陶元庆，当时与钱君匋过从甚密，他们住在同一个寝室里，两人的床又是连在一起的，每当夜深人静，他们就絮絮叨叨地谈个不休，而谈得最多的是图书的装帧设计，这也是钱君匋最初接触到书籍装帧设计这门艺术。

此后，陶元庆在装帧设计上取得了很大的成就，鲁迅和乡土作家许钦文的著作，几乎都是陶元庆一人包揽装帧设计，而在一边看着的钱君匋，很快领悟了图书装帧设计的步骤与关键要点。陶元庆在装帧设计上名声大噪，委托他设计的人越来越多，但他一般不肯轻意接受邀请，便经常转介绍给钱君匋去为他们设计，这样，钱君匋就投入到书籍装帧的设计工作中。鲁迅先生定居上海以后，陶元庆为钱君匋作了引见，钱君匋也就有了鲁迅这样的忘年之交。鲁迅对钱君匋的书籍装帧的评价很高，这激发了钱君匋的创作兴趣。就这样，钱君匋和他的同学陶元庆一样，也成为知名的装帧设计家，请他设计书刊装帧的作家、杂志社、书店和出版社络绎不绝，连出版大户商务印书馆出版也前来约稿，为《小说月报》《妇女杂志》《学生杂志》《教育杂志》《东方杂志》等主要期刊做设计。

就像陶元庆一样，钱君匋面对纷涌而来的设计工作也开始招架不住了。在他应接不暇之际，几位熟悉的朋友，如章锡琛、夏丏尊、叶圣陶、陶元庆、邱望湘，还有老师丰子恺、陈抱一，发起为钱君匋订立《装帧润例》，并由老师丰子恺起草《缘起》。所谓润例，指的是设计封面所需支付润笔的尺度，而润笔原来是毛笔蘸水这个动作，后引申为请人写文章、写字、作画等所付的报酬。这是旧时画家、书法家的惯常做法，用在书籍的装帧设计上，钱君匋算得上开了先河。即使有了这样一个润例，也没能挡住纷至沓来的约稿——钱君匋回忆说他设计的封面，总有四千种上下，因此还得了个“钱封面”的雅号。

钱君匋的万叶书店创立于1938年，主要出版音乐、美术、文学以及儿童书籍。在日本铁蹄下的“孤岛”上海，担任书店经理与总编辑的钱君匋，在出版物中巧妙地嵌入了抗日救国的思想。新中国成立后，万叶书店与教育书店、上海音乐出版社合并，成立新音乐出版社，钱君匋担任总经理；1954年新音乐出版社与中国音协公私合营，成立音乐出版社，钱君匋任副总编辑。

又生画集

丰子恺　绘

1947 年 4 月

开明书店

封面　丰子恺

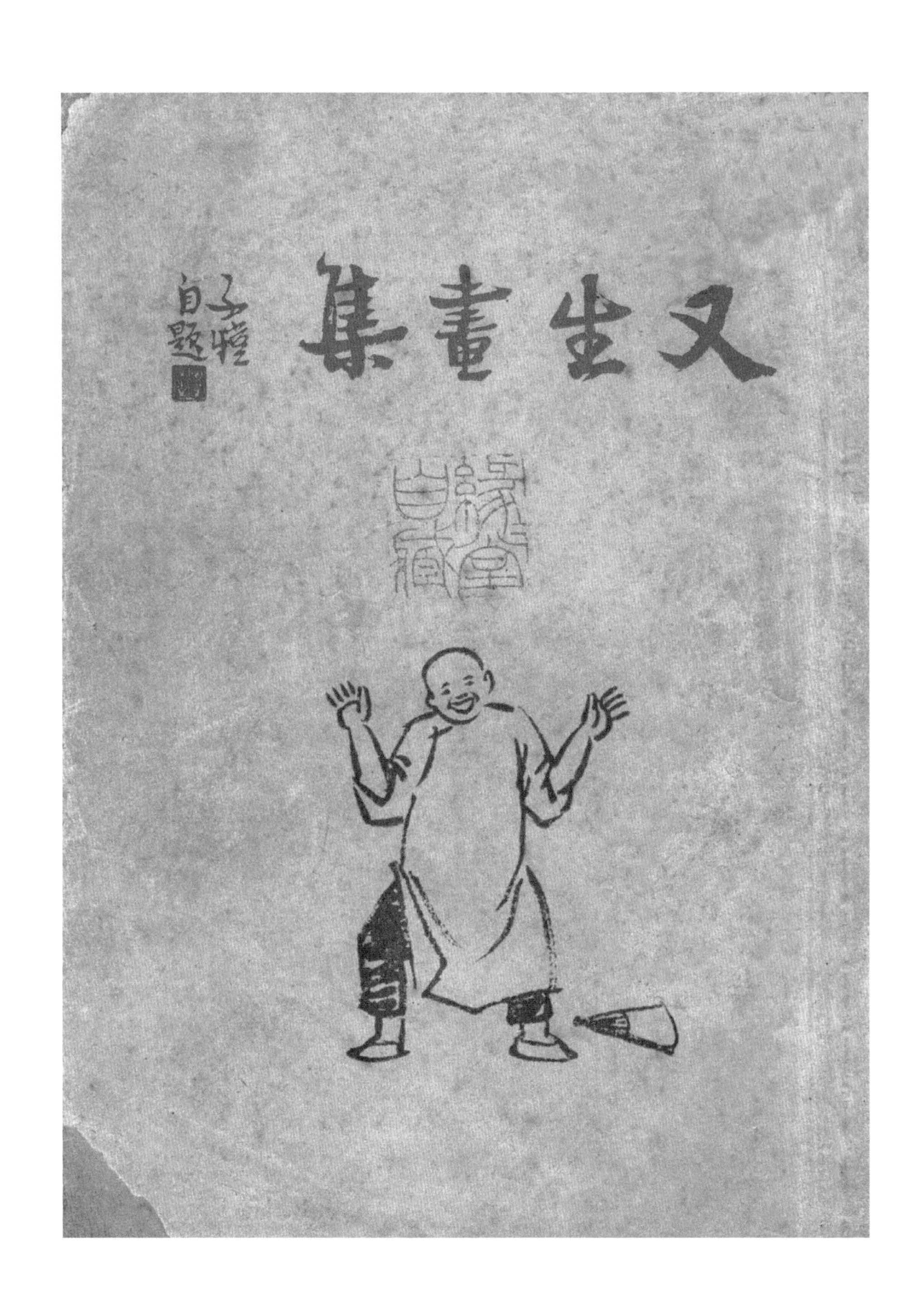
又生畫集
子愷自題

又生画集

丰子恺　绘

1948年11月

开明书店

封面　丰子恺（丰新枚题）

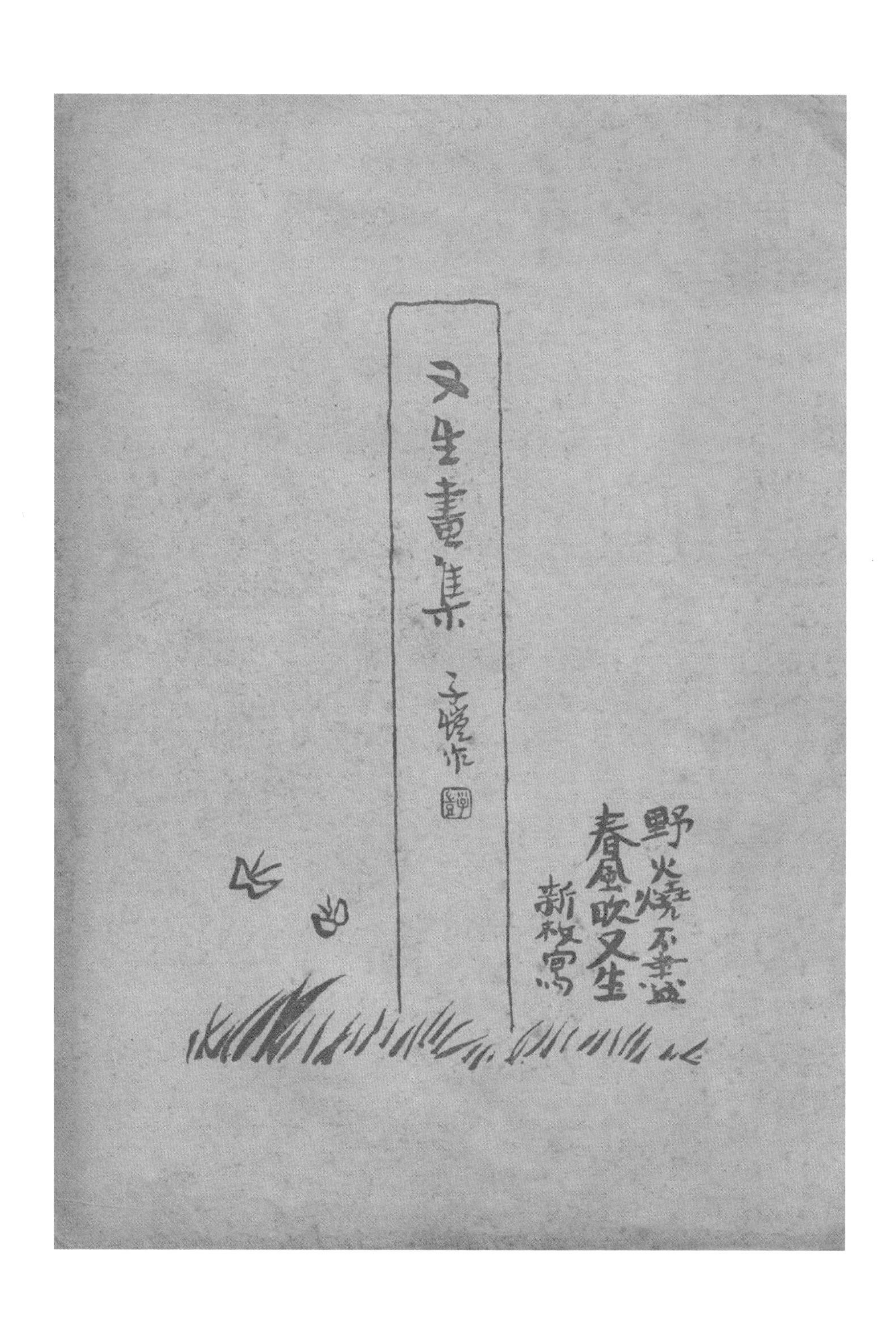
又生畫集
子愷作
野火燒不盡
春風吹又生
新枚寫

野火烧不尽，春风吹又生

《又生画集》从1947年初版，到1948年重版，用了两个不同的封面。封面虽不同，但都是表达丰子恺当时的喜悦心情。初版本的画面，取自丰子恺在1945年8月10日夜所绘《百年笑口几回开》这幅画。这一天，日本政府正式通告瑞士和瑞典政府，请两国政府转达美、苏、中、英四国，表示日本愿意接受盟国《波茨坦公告》之各项规定，无条件投降。丰子恺《百年笑口几回开》的话题，套用苏轼《出城送客不及步至溪上》诗句："春来六十日，笑口几回开。"《又生画集》的扉页上，是丰子恺让他在抗战中出生的小儿子丰新枚作画并题写诗句："野火烧不尽，春风吹又生。"

1948年《又生画集》重版，丰子恺把扉页的画作为封面画，而把《百年笑口几回开》作为画册的第一幅画。在《〈又生画集〉自序》中，丰子恺写道：

> 天意不亡中国，胜利居然光临，我竟得安然生还，重操画笔，开明书店竟得重整旗鼓，于二十年后再来刊印我的新作画集。这真是意想不到的奇迹！这里我不伦不类地想起了阿Q的话"二十年又是一个"，自己觉得好笑。
>
> 人生没有几个二十年。我在这二十年中历尽艰辛，九死一生，幸而还是眼明手健，能为胜利后的各报志作画，不到半年就集成这册子，真是我生一大乐事！我想出了，这不是"二十年又是一个"，这叫做"野火烧不尽，春风吹又生"。

猫叫一声

丨 丰子恺　著并绘

丨 1947 年 9 月

丨 上海万叶书店

丨 封面　丰子恺

萬葉兒童文庫一
貓叫一聲
（插圖本故事）
豐子愷著並繪
上海萬葉書店印行

缘缘堂主逢奇缘

1945年8月，日本天皇通过电台向全日本宣布无条件投降。当时丰子恺正避难客居于重庆，听到日本人投降的消息，他兴奋地研墨作画，画出了《狂欢之夜》《百年笑口几回开》和《卅四年八月十日之夜》。在复员的路上，丰子恺回忆起那一夜的欢庆，还写下了随笔《狂欢之夜》：

> 被街上的狂欢声所诱，我又跟了青年们去看热闹。带了满身欢乐的疲劳而返家的时候，已是后半夜两点钟了。就寝之后，我思如潮涌，不能成眠。我想起了复员东归的事，想起了八年前被毁的缘缘堂，想起了八年前仓皇出走的情景，想起了八年来生离死别的亲友，想起了一群汉奸的下场，想起了惨败的日本的命运，想起了奇迹地胜利了的中国的前途……无端的悲从中来。这大约就是古人所谓“欢乐极兮哀情多”，或许就是心理学家所谓“胜利的悲哀”。不知不觉之间，东方已经泛白。我差不多没有睡觉，一早起来，欢迎千古未有的光明的白日。

八年的逃难生活，终于要结束了。谁知，丰子恺的胜利复员之路却坎坷艰难，一直到1946年9月15日才回到上海，在学生鲍慧和家里暂时落脚。

11月9日，丰子恺回到家乡，看到昔日高畅轩昂的缘缘堂，已成一片荒草地，残留一些墙角石。走访附近的亲戚，听他们说起，缘缘堂被炸毁的前一天，他们在缘缘堂中抢出几箱书籍衣物，现在还保存着呢。亲戚们赶紧找出九年以前代为保管的旧物，丰先生一一翻看，有衣服，有旧书，还有一叠手稿。

这叠手稿就是丰子恺当时在缘缘堂写下的《猫叫一声》，以及二十四幅插图。细细阅读那叠手稿，明明是自己的手迹，丰先生却怎么也想不起来关于这本书的来龙去脉，“好似读别人的文章”。丰子恺接着说：“这文和画何时写的，曾否在报志发表，完全记不起了。似乎是未曾发表过的。不然，何以原稿留在缘缘堂呢？缘缘堂无数书物尽行损失而这篇文章和插图居然保存。这也是奇妙的原因所产生的奇妙的结果。所以现在把他出版，以致纪念。人世间的事，全是偶然的。这稿子偶然保存，偶然出版，小朋友们也是偶然读到而已。”

丰子恺把这稿子与插图交给他的学生钱君匋，由万叶书店出版。《猫叫一声》的出版经历，也真算得上是缘缘堂里的一段奇缘了。

画中有诗

丰子恺绘

1943年初版　1948年5月版

文光书店

封面　丰子恺

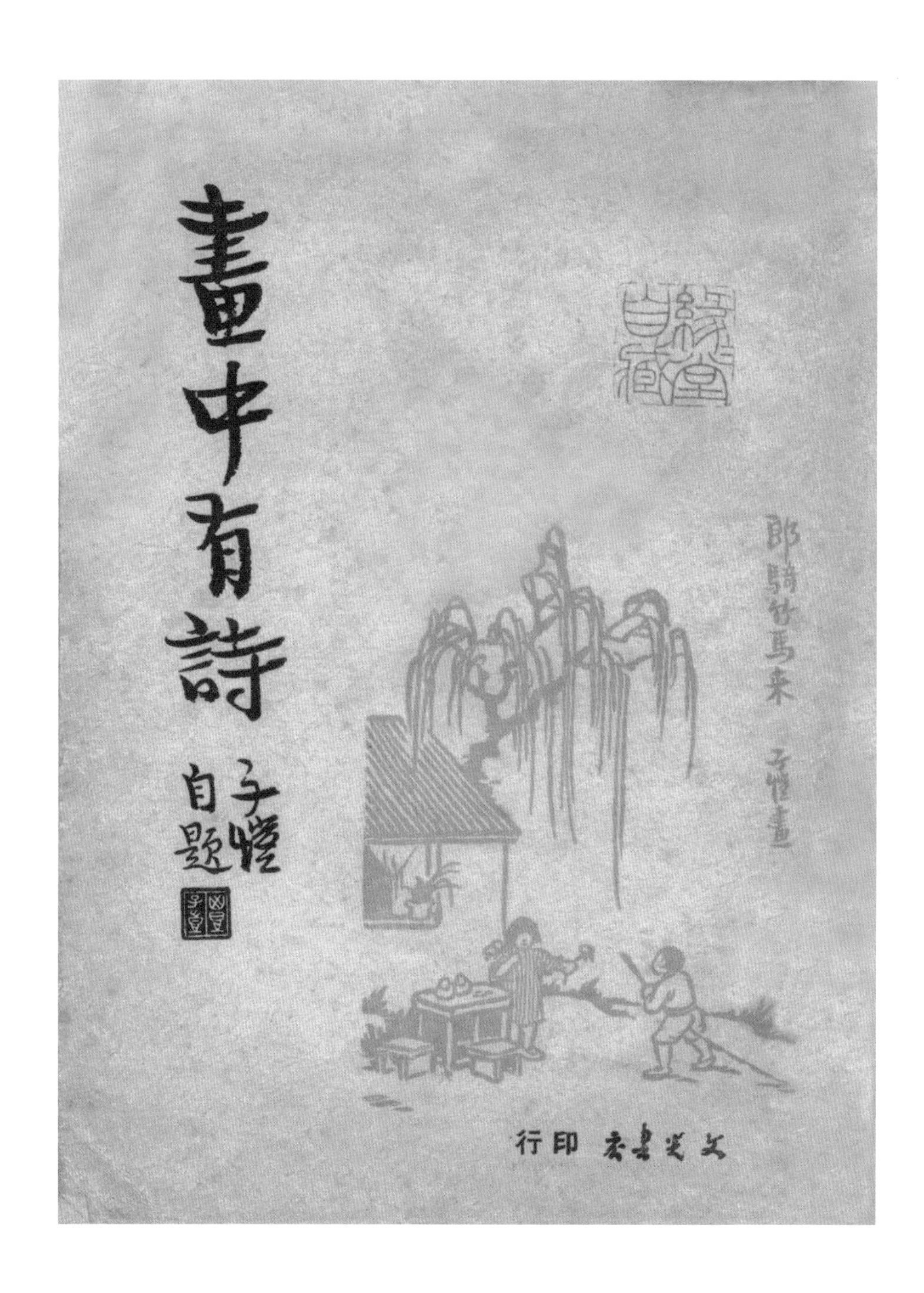
畫中有詩
子愷自題
郎騎竹馬來
子愷畫
文光書店印行

用诗人的眼光观察世界

古诗词是丰子恺一生的爱好，每天笔耕之余，他常常一边喝着黄酒一边吟诵诗词。丰子恺的学生潘文彦认为：“丰先生的气质是诗人，他用诗人的眼光观察世界，然后吟出诗句来抒发自己的独特的感情。他的绘画也与一般的画家不同，是诗人的画，就是用线条色彩表述的诗，对他来说，如果没有诗意，就没有情志，也就没有美好境界的追求。”

《画中有诗》有丰子恺自序，他对诗词绘画作出一些说明，抄录如下：

余读古人诗，常觉其中佳句，似为现代人生写照，或竟为我代言。盖诗言情，人情千古不变，故为诗千古常新。此即所谓不朽之作也。余每遇不朽之句，讽咏之不足，辄译之为画。不问唐宋人句，概用现代表现。自以为恪尽鉴

赏之责矣。初作《贫贱江头自浣纱》图，或见而诧曰：“此西施也，应作古装；今子易以断发旗袍，其误甚矣！”余曰：“其然，岂其然欤？颜如玉而沦落于贫贱者，古往今来不可胜数，岂止西施一人哉？我见现代亦有其人，故作此图。君知其一而不知其他，所谓泥古不化者也，岂足与言艺术哉？”其人无以应。吾于是读诗作画不息。近来累积渐多，乃选六十幅付木刻，以示海内诸友。名之曰《画中有诗》。

三十二年（1943）元旦子恺记于重庆沙坪坝，寓楼。

《画中有诗》最早为1943年文光书店出版，1948年5月改换封面后重新出版。

《闽粤语和国语对照集》
郭后觉　编　儿童书局

丰子恺编《中文名歌五十曲》
开明书店

田边上雄《孩子们的音乐》
丰子恺　译　开明书店

丰子恺《劫余漫画》
万叶书店

《丰子恺画存》第一集
民国日报社

柏乐尔《青鸟》　罗玉君　译
东方书社

著《兴华大力士》
教育社

子恺绘《漫画阿 Q 正传》
开明书店

《幼稚园读本》第二册
开明书店

恺《幼幼画集》
书局

《儿童模范书信》
黄河清、胡叔异 编 儿童书局

《国民学校教师手册》
郑新华 编著 春明书店

语》
百三十六期

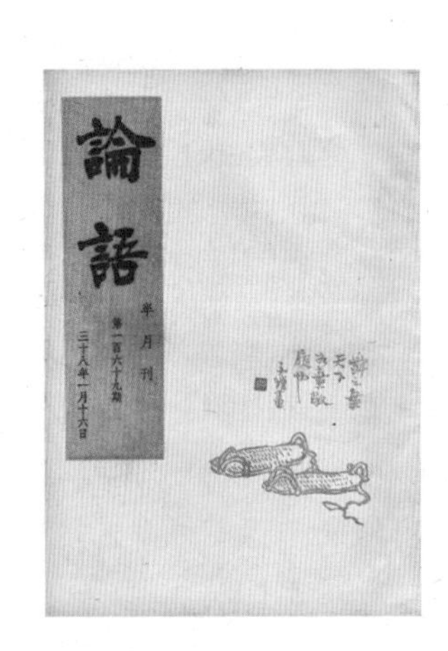

《论语》
第一百六十九期

《论语》
第一百七十一期

子恺作《人生漫画》
万光书局

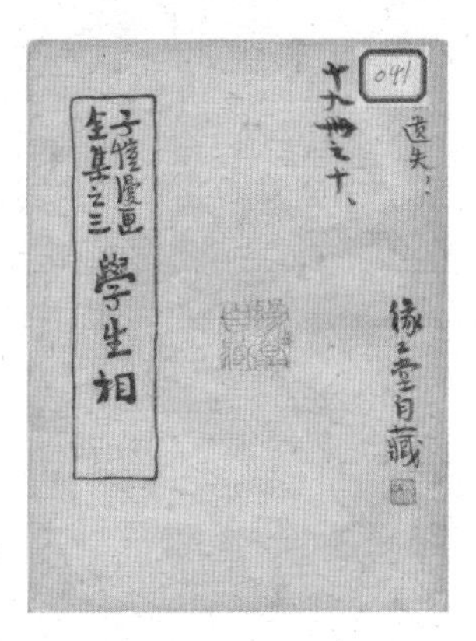

《子恺漫画全集之三：学生相》
开明书店

《小朋友寓言》
春明书店

丰子恺《博士见鬼》
儿童书局

《论语》
第一百七十二期

《春风》
春风刊社

附　1938—1949 年封面精选

海水摇空绿
子恺画

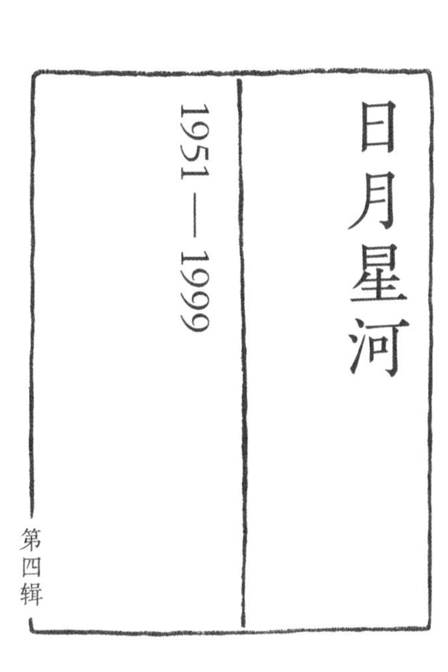
日月星河
1951—1999
第四辑

年逾天命学俄语

一集画册三代人

小故事　大道理

日月楼中好时光

二生事业一生兼

丰子恺的书法艺术

结缘广洽颂弥陀

哲学和他的老兄宗教

白头风流译红楼

《儿童杂事诗》背后的“杂事”

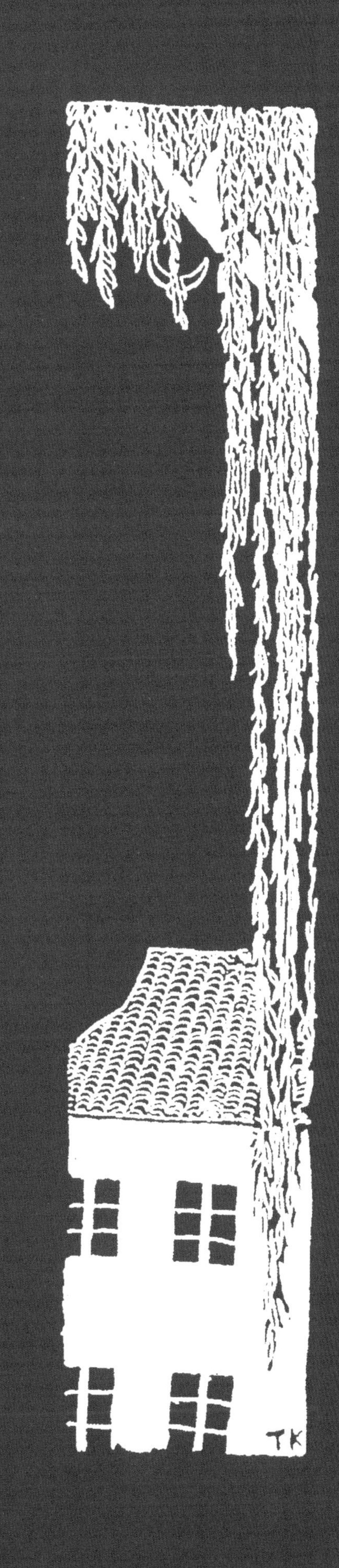

猎人笔记

| 屠格涅夫　著　丰子恺　译
| 1953年4月
| 文化生活出版社

獵人筆記

年逾天命学俄语

丰子恺开始学习俄语，是在 1950 年，他已步入五十三岁。

那一年，开明书店迁到北京，改组为中国青年出版社。开明书店的老板章雪村全家迁到北京，就把当时他住的四马路（今福州路）671 弄 7 号的房子连同家具无条件让给丰子恺一家安身。

这栋房子的边门就对着国际书店的后门，丰子恺逛书店买外文书非常方便。有一天，丰子恺买回来一本日文版的《俄语一月通》。这本书一共三十课，按书上安排是一天学一课，一个月完成。而丰子恺读这本书，往往是一天学好几课。这样，很快他就把这本书学完了。

丰子恺在日本时也学过一点俄语，在学完这本《俄语一月通》后，就开始阅读难度相对高一些的俄语文学著作。一开始读高尔基短篇小说的中俄对照本，接下来读托尔斯泰的《战争与和平》原著和屠格涅夫的《猎人笔记》原著，在阅读的同时提高自己的外语水平。他说："语言文字，只不过是求学问的一种工具，不是学问的本身。学些工具都要拖长许多的时日，此生还来得及研究几许学问呢？"

丰子恺利用日常空余的时间，同时并进阅读《战争与和平》《猎人笔记》。《战争与和平》原著他用了九个月的时间读完，不久又读完了《猎人笔记》。接下来丰子恺又花了五个多月的时间把《猎人笔记》翻译出来，交给他的好朋友吴朗西的文化生活出版社出版。

丰子恺在浙江第一师范学校时就学过英语，为了去日本游学，又学习了日语，五十三岁又学习了俄语，而且这三门外语竟然是分属三个不同的语系！

丰子恺为什么要在如此短的时间里，花如此大的精力，另外学习一门外语？首先，作为一个自由职业者，在很大程度上是为了生计。丰子恺自从 1949 年 4

月23日从香港转道广州，飞回上海迎接解放，像以前那样靠卖画过日子是不行了。这样，只能寄希望于稿费收入。在当时的政治环境中，英语日语的翻译不再吃得开，唯有“老大哥”的俄语正欣欣向荣。丰子恺在1952年1月16日写给他的好友、著名编辑常君实的信中就说过：“年来由于埋头学习俄文，新收入毫无。同时旧书许多停刊，版税收入大减。因此生活颇有青黄不接之状。但得度过半年，俄文学成，即无虑矣。”

第二个原因是，在当时左倾思想影响下，绘画创作越来越困难。1949年8月，在上海市绍兴路7号中华学艺社三楼举行了上海美术工作者大会，宣布成立上海美术工作者协会，大会结束，即更名为中国全国美术工作者协会上海分会，推举漫画家米谷为主席，沈同衡、张乐平为副主席。

会上，新当选的上海美协主席米谷请丰子恺作为著名老前辈发言，丰子恺以率真的、实事求是的态度作了发言。他表示：要好好向解放区来的美术家学习，今后努力为工农兵服务。高深的理论也讲不出，但是中国传统绘画中的梅兰竹菊四君子，今后还是要画的。因为工人农民劳累了一天，看看花卉，多少可以消除疲劳。说着，丰子恺指了指主席台桌上摆放着的一瓶花卉说，就像今天开会，也摆上一瓶花。这好比一个拳头，反映工农兵是前面四根手指，是主要的。梅兰竹菊好比小指，也是需要的。

丰子恺的发言婉转地重申了新中国美术作品创作的方向：文艺作品的功能应是多方面的。但是，出乎丰子恺意料，接下来的几位与会者相继上台发言，批评丰子恺是在宣扬封建士大夫和资产阶级的艺术观。面对这种让人哭笑不得的言论，丰子恺很吃惊。从此以后但凡遇到这类活动，他都尽可能退避三舍。上海成立中国画院，请丰子恺出任院长，丰子恺提出“三不”要求：不坐班，不开会，

不领工资。丰子恺担任中国美协上海分会会长，大多数的会议以及发言他都让副会长沈柔坚代劳。

“不坐班，不开会，不领工资”的丰子恺，把主要精力放在翻译工作上。在《猎人笔记》完成后，丰子恺与他的小女儿丰一吟开始合译俄国作家柯罗连科的四卷本《我的同时代人的故事》，六十年代初又开始翻译日本平安时代的紫式部的长篇小说《源氏物语》。除了这些长篇巨著，这段时期丰子恺还翻译了许多有关音乐和图画教育与欣赏的图书。

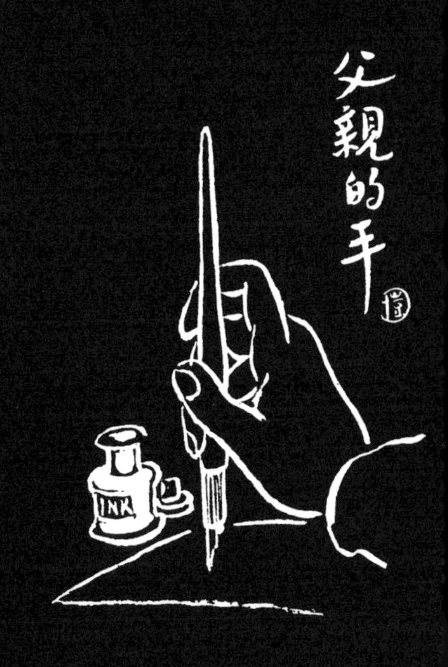
父親的手

子恺漫画选

| 1955年11月
| 人民美术出版社
| 封面　丰子恺（杨朝婴题）

子愷漫画选
民望
阿寶
共赏
子愷

一集画册三代人

这本《子恺漫画选》里的漫画并不是丰子恺自己编选的，因为他认为客观意见往往比主观意见正确，于是委托了雕塑家、美学家王朝闻挑选。

封面上一个女孩正埋头折纸工，这女孩正是丰子恺的大女儿丰陈宝——小名阿宝。那时阿宝才六岁多，刚学会折纸工，桌上已经折好了两件，一只猴子，这个比较容易；一只“鞔头船”，因为两头有篷，难折多了。而阿宝手里正在折的可能比已经折好的两件更难，所以必须全神贯注。阿宝后来说，她专心致志地“工作”时一点没发觉父亲在画她。没有发觉反而更好，姿态更自然。因为阿宝是第一个孩子，丰子恺对她倾注了很多的爱。阿宝后来有了三个弟弟三个妹妹，他们也都是父亲的好画材。

丰先生在《子恺漫画选》自序中说：

> 我同一般青年父亲一样，疼爱我的孩子。我真心地爱他们：他们笑了，我觉得比我自己笑更快活；他们哭了，我觉得比我自己哭更悲伤；他们吃东西，我觉得比我自己吃更美味；他们跌一交，我觉得比我自己跌一交更痛……我当时对于我的孩子们，可说是“热爱”。这热爱便是作这些画的最初的动机。

带着这纯粹的动机，丰子恺画了很多以自己孩子为题材的漫画，表现孩童天真无邪的一面。阿宝洗完澡，妈妈只给她套上一条短裙就忙着去倒脚盆，小小的阿宝知道难为情，羞赧地双手抱胸，于是有了《阿宝赤膊》。凳子赤着脚，阿宝觉得凳子需要一双鞋，拿了妹妹的一双鞋给穿上，还不够，就把自己的脱下来给

它穿上，这样凳子就舒服了，阿宝的举动遭到妈妈阻止，但丰先生立刻拿起纸笔画下这一幕，《阿宝两只脚，凳子四只脚》诞生了。后来这些画都成了丰子恺的代表作。

丰子恺在上海江湾立达学园执教时，全家住在学校附近，每天傍晚时分，妈妈抱着弟弟牵着阿宝在门口眺望，两个小孩嘴里唱着“爸爸还不来”，唱着唱着，终于等来那一刻，温馨的画面被丰子恺记录下来了。阿宝上学了，每天放学的时候，她的朋友黄狗耐心等在路口，见到阿宝他兴奋极了，急切地跑在前面一本正经地引路，到了家门口三步并作两步跨上台阶，用头把大门顶开……这幅漫画叫《回来了！》。《兴味》，画的是阿宝初学打毛线，先学打围巾，因为这个最容易。打毛线不能脱针，否则要麻烦妈妈的。阿宝打得那么专心，兴味浓浓，丰子恺趁她不注意画下来了。这些画很随意，都是作者一些生活琐事的偶感，都不外乎“舐犊情深”的表现。虽然画的本身琐屑而不足道，但作者对于画画的对象是“热爱”，是“亲近”，是“理解”，是“设身处地”的体验。所以，他的漫画非常受欢迎。

这本书的封面上“子恺漫画选”五个字是小朋友的笔迹，丰子恺在《子恺漫画选》自序中也不忘感谢这个小儿童：“这画集的封面题字，是封面画中的阿宝（她现在叫做丰陈宝，已经是三十六岁的少妇了）的女儿朝婴所写的，她们母女俩代替我完成这封面，也是难得的事，不可以不记。”

小故事

丰子恺　编写

封面　丰子恺

小故事

小故事　大道理

这是丰子恺原本不打算出版的一本书。他自己编写，自己手书，自己穿线装订，读者对象仅为他的七个子女以及十几个孙辈。

丰子恺一生都对古诗词古诗文有着特别的喜爱。平日里阅读古文，看到其中一些有趣的好玩的有教育意义的文言文故事，便随手翻译成白话文，在他印制的“缘缘堂稿纸”上记录下来。丰子恺编写这本书，大概是在五十年代末期，内容大多出自《说苑》《二十四史》《虞初新志》等。每个故事仅一到两页，短小精悍，幽默诙谐，且通俗易懂，同时又可潜移默化地起到教育作用。比如其中有一篇叫《似我》的文字这样写道：“无锡的县官在天下第二泉上安了一只匾，上写‘似我’两字，意思是他这官同这泉水一样清。过了几天，他去看，那匾额不见了。东找西找，后来找到了。原来被人拿去安在茅厕上了。（《皇华纪闻》）”

《小故事》这本书大受丰家后代的欢迎，借阅的频率相当高，可说是丰家的“热门书”。也正是由于这本书的“热门”，在“文革”时期这本《小故事》被借阅，才逃过了一劫。像这样的“书”，丰先生一共编写了四本——《小故事》《虐诗》《谐诗》和《旧闻选译》。当时丰子恺的二女儿丰宛音正好借阅前三本书，小儿子丰新枚借阅《旧闻选译》，这几本“书”幸免于难，就这样离奇地保存了下来。

虽说丰先生原本不打算出版这本书，但这样的书对于现代社会仍然富有教育意义。因此，上海译文出版社在 2018 年把这本书正式出版了，封面采用丰家祖上“丰同裕染坊”蓝印花布的设计元素，书名也是用的丰子恺书法。

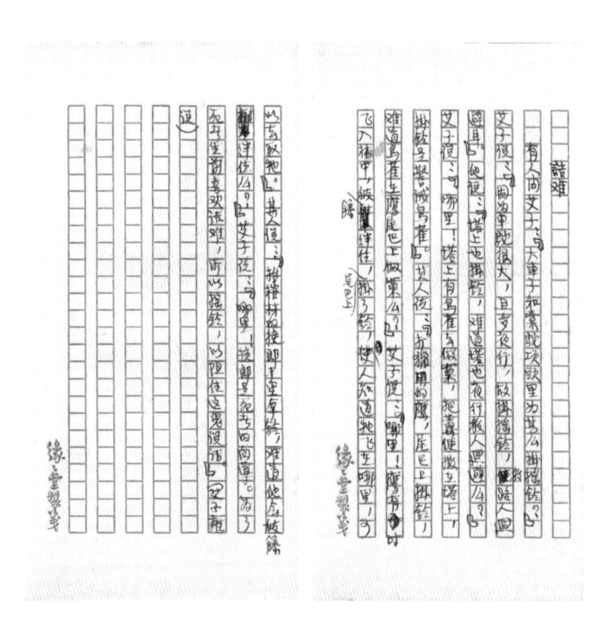
诘难

有人问艾子：“大车子和骆驼颈里为甚么挂铃？”艾子说：“因为车驼很大，且多夜行，故挂铃，使路人回避耳。”他说：“塔上也挂铃，难道塔也夜行教人回避么？”艾子说：“你哪里！塔上有乌雀之做巢，把粪便撒在塔上，挂铃是警诫乌雀。”某人说：“打猎用的鹰，尾巴上挂铃，难道乌雀在鹰尾巴上做巢么？”艾子说：“哪里！鹰有时飞入林中，被树枝缠住，尾巴上挂了铃，使人知道它飞在哪里，可以去取它。”某人说：“挽柩材的铎即手里拿铃，难道他会被树枝缠住么？”艾子说：“哪里！这郎是死者的向导。为了死者生前喜欢诘难，所以摇铃，以阻住这鬼说话。”（艾子杂说）

缘缘堂制笺

小朋友

1957年7月

封面　丰子恺

小朋友
一九五七年第十五期
餵馬
子愷畫

日月楼中好时光

1957 年，已入花甲之年的丰子恺，安居于上海陕西南路 39 弄 93 号的寓所“日月楼”。这段时间，丰子恺忙于翻译俄罗斯作家柯罗连科的《我的同时代人的故事》，并写一些散文，他还抽空为《小朋友》杂志画了封面画——《喂马》。这幅画，1959 年又收入天津少年儿童美术出版社的《子恺儿童漫画》中。

丰子恺是在经历了抗战时期的颠沛流离后，才“顶”下陕西南路长乐邨的一幢房子，并于 1954 年 9 月搬入新居。新中国成立后这个原来叫“凡尔登花园”的小区被收归国有，这栋房子已属国有产权，是不能买卖的，而住户只能租赁居住。所谓“顶”，也就是原住户把房子的装修费以及家具等，以高价转让给续租户。丰子恺从已经工作的子女处借款，用了六根金条“顶”下了这栋西班牙式小洋房，从此过上了一段安静祥和的时光。

丰子恺每天的工作时间是清晨到中午。下午午睡一段时间以后，大概四点多他就下楼在一楼钢琴边的餐桌旁一边饮酒，一边颇感兴味地看着孩子们做各种游戏。

丰子恺有三个子女的家庭在上海，再加上其他亲戚的孩子，以及邻居家的孩子，所以节假日这里最热闹了。丰子恺曾说：“我们不得不赞美儿童了。因为儿童大都是最富于同情的，且其同情不但及于人类，又自然地及于猫犬，花草，鸟蝶，鱼虫，玩具等一切事物，他们认真地对猫犬说话，认真地和花接吻，认真地和人像（玩偶）玩耍，其心比艺术家的心真切而自然得多！他们往往能注意大人们所不能注意的事，发现大人们所不能发现的点。所以儿童的本质是艺术的。换言之，即人类本来是艺术的，本来是富于同情的。只因长大起来受了世智的压迫，把这点心灵阻碍或消磨了。唯有聪明的人，能不屈不挠。外部即使饱受压迫，而内部仍旧保藏着这点可贵的心。这种人就是艺术家。”正是出于这份赞美，儿童们在日月楼的底楼再怎么疯，也从来不会遭到呵斥。孩子们除了可以在日月楼读到许多有趣的好书，其他玩的花样就更多了。他们唱外公改编的歌曲，或用家乡石门话吟唱背诵古诗词，还有一只猫咪陪小朋友们玩。日月楼里那张大餐桌，拉开来几乎和学校里的乒乓球台一样大，大家就把它当做乒乓球台；日月楼的木楼梯，蜡打得铮亮，大家就把它当滑梯，一个个排队自上而下……

除夕夜，这里就是丰家的“春晚”。晚上，家里的电灯全部开亮，客厅里装饰着各色彩条。年夜饭后，安排种种节目。一开始是唱歌和诗朗诵，有朗诵英语诗的，也有朗诵俄语诗的；接着做各种游戏，如击鼓传花等。有的游戏还夹着受惩罚者的表演。最激动人心的是互送“除夜福物”。按规定，每人秘密购置一份礼物（不得低于规定金额），用报纸仔细包好，编上号码，再做好写着编号的纸片，供大家抽取。小孩们都想抽到外公的“除夜福物”，因为每年外公购置的都是最好最特别的。有一年，丰先生包了一包特大的礼物，大家隔着报纸摸，却怎么也猜不出是什么。最后亮相，竟然是一把扫帚，大家一个个都笑弯了腰。

最后的压轴戏必然是放烟花爆竹。开场是放高升，接下来是放小鞭炮和各种烟火，在爆竹不断的噼啪声中，点缀着烟火的美丽闪烁，孩子们就是在这烟花和爆竹声声中一岁岁长大。

丰家的这种幸福快乐的生活，一直持续到 1966 年上半年。

弘一大师纪念册

1957年7月

封面 丰子恺

弘一大師紀念册
廣洽法师輯
豐子愷敬題

二生事业一生兼

《弘一大师纪念册》是在弘一大师圆寂十五周年之际，由新加坡高僧广洽法师编选的纪念册。纪念册的内容包括丰子恺、傅彬然、姜丹书、袁希濂、夏丏尊、叶圣陶等人有关弘一大师的文章。丰子恺除登载《为青年说弘一大师》《我与弘一法师》《李叔同先生的爱国精神》《李叔同先生的文艺观》《李叔同先生的教育精神》五篇文章以外，还作有《弘一大师遗像》及《〈弘一大师逝世十五周年纪念册〉序》，这篇序言中描述了弘一大师丰富多彩的一生：

> 弘一法师首先介绍话剧、油画及钢琴音乐入中国，复身任教师，多年执教鞭于南京高等师范及杭州两级师范，为中国教育界造就图画音乐教师甚众，至不惑之年，始披剃入山，潜心佛法，直至圆寂。此乃以精力旺盛之前半生贡献于文教，而以志行圆熟之后半生归命于佛法，一生而兼二生之事业也。然不论事业之入世与出世，弘一法师均以一贯之热诚，竭尽心力而从事，故其成就同一精深，同一博大，令人企念高风，永不能忘。

“一生而兼二生之事业”？在一般人看来，何止二生！普通人几辈子都难以完成弘一大师一生成就的一小部分。弘一大师从事过多种工作，而且是做一样像一样。丰子恺在《李叔同先生的教育精神》一文中有这样一段对弘一大师的评语：“少年时做公子，像个翩翩公子；中年时做名士，像个风流名士；做话剧，像个演员；学油画，像个美术家；学钢琴，像个音乐家；办报刊，像个编者；当教员，像个老师；做和尚，像个高僧。李先生何以能够做一样像一样呢？就是因为他做一切事都‘认真地，严肃地，献身地’做的原故。”

欧体九成宫标准习字帖

1962年4月

北京出版社

封面　丰子恺题

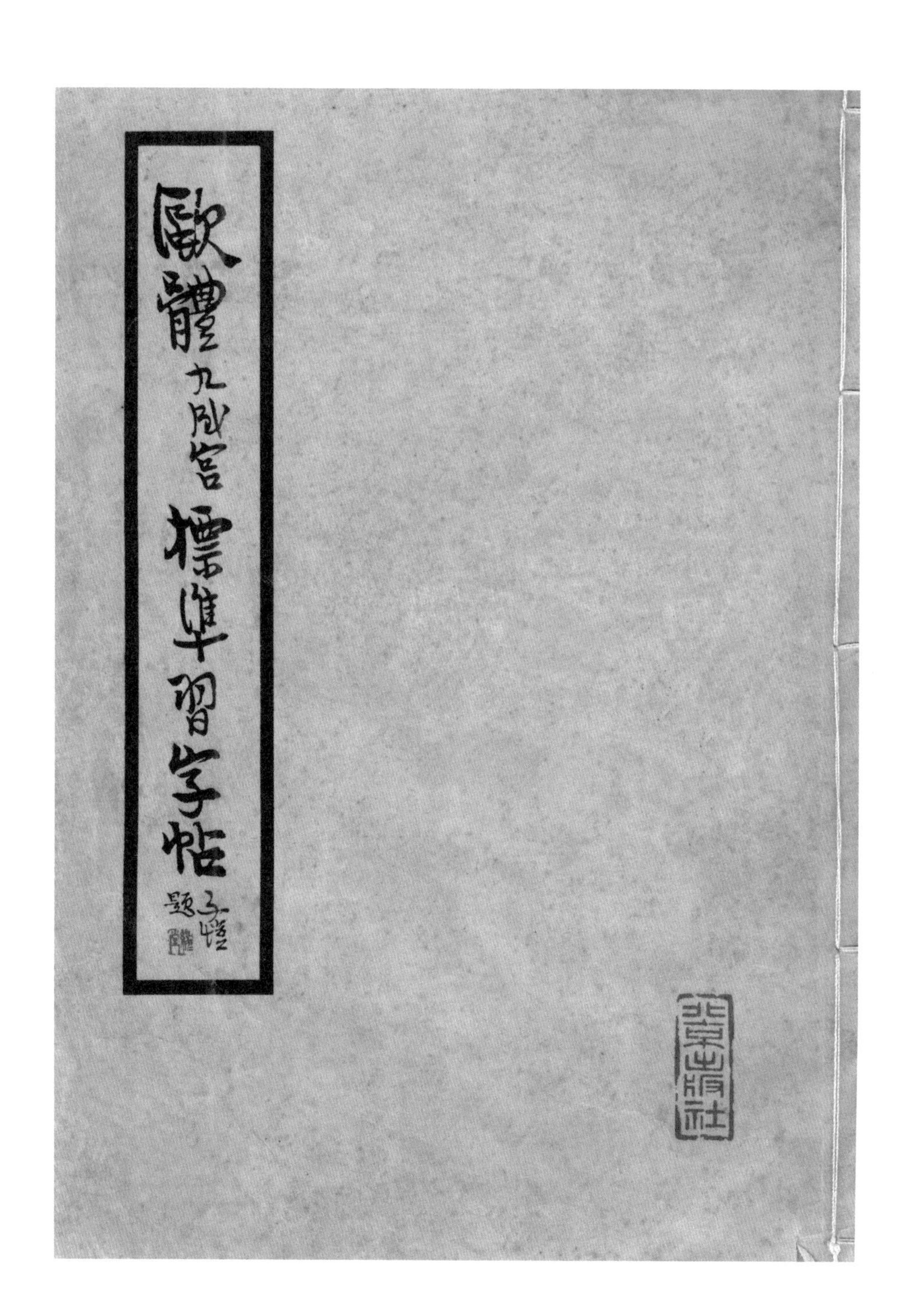
歐體九成宮標準習字帖
子愷題
北京出版社

柳体楷书间架结构习字帖

1981年1月

北京出版社

封面　丰子恺题

柳體楷書間架結構習字帖
子愷題

丰子恺的书法艺术

看到丰子恺为字帖的封面题词，即可知道丰先生也是一位书法家。与“子恺漫画”一样，丰子恺的书法也是自成一格的。

丰先生是一位有思想的艺术家，他的书法也是有思想的书法，其宏大气度，蕴含于毫芒之间，其烂漫气质又流露在造型结字之内。他的书法源于北魏，兼及章草。风格的形成，既缘于师门的影响，也有对现实世界的感悟。

丰子恺的女儿丰一吟曾说过：“父亲的书法所受的影响，除魏碑一类以外，不可忽略的是一本《索靖月仪帖》，我手头就保留有这本帖，上面有父亲亲笔题字：1939 年 4 月 20 日购于宜山。下面盖的一枚图章，是‘缘缘堂毁后所蓄’。1939 年正值抗战时期，我家避寇居于广西宜山，家乡的新屋缘缘堂已在战火中焚毁。逃难期间行物萧条，但这册月仪一直伴随父，直到胜利，直至他逝世，可见父亲对它的感情深厚。这册书购于 1939 年，但父亲临月仪并非从 1939 年开始，他早期的书法就是受月仪很大的影响。在宜山买这册书，显然是旧友重逢，我在学生时期父亲屡屡督促我临摹的，也正是魏碑和这册月仪帖，所以我对它颇有感情，至今一直珍藏着。”

说到丰子恺的书法，还有一个抗战时期留下的离奇故事。

1939 年，为逃避日寇侵害，丰先生带着全家老少离开故乡逃到广西宜山。由于日寇逼近，打算逃往贵州。当时交通极度紧张，汽车运输大敲竹杠。丰先生与家中老少多人赁居在广西河池某旅馆，老板是个读书人，见丰先生找车子已近绝望，便劝他们暂时不走，等时局稍定再说。万一战争打到这里来，还可到他山中的家里避难。丰先生说：“你真是义士！我多蒙照拂了。但流亡之人，何以为报呢？”老板说：“若得先生写些书画，给我子孙世代宝藏，我便受赐不浅了！”丰先生应允，老板拿出大红闪金纸，让丰先生写对联。他说：“老父今年七十，蛰居山中。做儿子的糊口四方，不能奉觞上寿，欲乞名家写联一副，托人带去，聊表寸草之心，可使蓬荜生辉！”那闪金纸是不吸水的，丰先生写好后久久不干。见门外马路边阳光普照，管账提议抬出门外去晒，并坐着看管。不久，一线生机就在这里出现。老板上楼来说有位赵先生求见。这时一位壮年男子已经走上楼来了。他握住丰先生的手，连称“久仰”“难得”。听他口音是无锡、常州一带，乡音入耳，分外可亲，丰子恺就请他在楼上客间里坐谈。这人是此地汽车加油站站长。刚才路过旅馆，看见门口晒着对联，认识是丰子恺的字，且墨迹未干，料想丰子恺一定在楼内，便前来访问。丰子恺向他诉说了来由与苦衷，他慷慨答道：“我有办法。也是先生运道太好：明天正有一辆运汽油的车子开都匀。所有空位，原是运送我的家眷，如今我让先生先走。途中只说我的眷属是了。”

次日一早，汽车顺利地开走。下午，丰家老幼五人及行李十二件，安全到达目的地都匀。丰先生的朋友们得知这段经历，连称这是“艺术的逃难”。

弥陀学校建校十周年暨新图书馆落成纪念刊

| 1964年5月
| 新加坡弥陀学校
| 封面　丰子恺

彌陀學校建校十周
年暨新圖書館落成
紀念刊
豐子愷題

弥陀学校建校二十周年特刊

1974年11月
新加坡弥陀学校
封面　丰子恺

彌陀學校建校二十週年特刊
題
豐子愷

结缘广洽颂弥陀

封面画上提到的弥陀学校在新加坡，1954 年由弘一法师的弟子广洽法师创立。新加坡因受英国殖民统治，重英文轻华文，好多贫苦华人的孩子失学，于是广洽法师在龙山寺比邻的弥陀寺，创建了新加坡弥陀学校。

丰子恺和广洽法师曾跟随弘一法师，同是弟子，因此对弥陀学校大力支持。一位居士，一位出家人，通过弘一法师介绍，他们相识在 1931 年，而真正见面已经是 1948 年了。但这并不妨碍他们的交往，鸿雁频往来，纸笔传佛缘，精神上的鼓励，物质上的支持，光他们之间的通信就有两百通之多。所以，丰子恺为弥陀学校成立十周年、二十周年的纪念册画封面便是顺理成章的了。

在 1974 年弥陀学校成立二十周年时，丰子恺已年老体衰，身心承受着巨大的压力，但他还是拖着病体，不仅为弥陀学校设计了纪念册封面，还为学校画了象征和平美好的“双莲图”。当年正值寅年，本应画虎，但丰子恺认为虎形残暴不宜庆祝，于是巧妙地避开了“狂妄霸道和杀气腾腾”。

丰子恺不光为纪念册画封面，弥陀学校的校训“慈良清直”也出于丰子恺之手。他还为弥陀学校创作了校歌，歌词为丰子恺所作，谱曲由他的长婿杨民望完成。丰子恺还赠送给学校大幅观音像、大幅儿童漫画等画作，谦虚地称为弥陀学校“补壁”。学校的图书馆也有不少丰子恺捐赠的书籍画册，包括富有童趣的《格林童话》一套十本，童话集由丰子恺长子丰华瞻翻译，丰子恺画的插画达三百四十六幅，这些都是孩子们爱看的。

1960 年丰子恺还为弥陀学校写过四幅条屏，内容是晚清驻新加坡总领事的爱国诗人黄遵宪所写的七言杂诗，半个多世纪后，学校珍藏馆还在继续展示。

广洽法师小丰子恺两岁，福建泉州人，二十出头在厦门南普陀出家。1929 年前后，弘一大师一直在闽南讲律著书弘化一方，到厦门后就驻锡南普陀寺，而当时，广洽师就在南普陀寺任知客，正好有机会朝夕听从大师的训诲。广洽法师作为弘一大师的弟子，十年间侍奉大师左右，生活琐事大小事情一概由广洽师办理，可谓最亲近大师的在家弟子。而他对丰子恺的帮助，一直持续到丰子恺逝后。

丰子恺去世后，1983 年丰子恺故乡浙江桐乡石门镇重建缘缘堂，广洽师汇来三万元助建。1985 年广洽法师参加缘缘堂落成典礼，并到杭州，向浙江省博物馆捐赠弘一法师和方外挚友丰子恺共同完成的六集《护生画集》原稿。广洽法师和丰子恺的佛缘还在延续。

而创办了半个多世纪的新加坡弥陀学校，也同样延续着与中国的友好情缘，他们和广洽法师家乡泉州的学校一直保持着教育交流，“长亭外，古道边，芳草碧连天。晚风拂柳笛声残，夕阳山外山……”弘一法师填词的《送别》歌声在两地学校此起彼伏。

大乘起信论新释

| 汤次了荣 著 丰子恺 译
| 1973年10月 新加蘑蔔院
| 封面 丰子恺

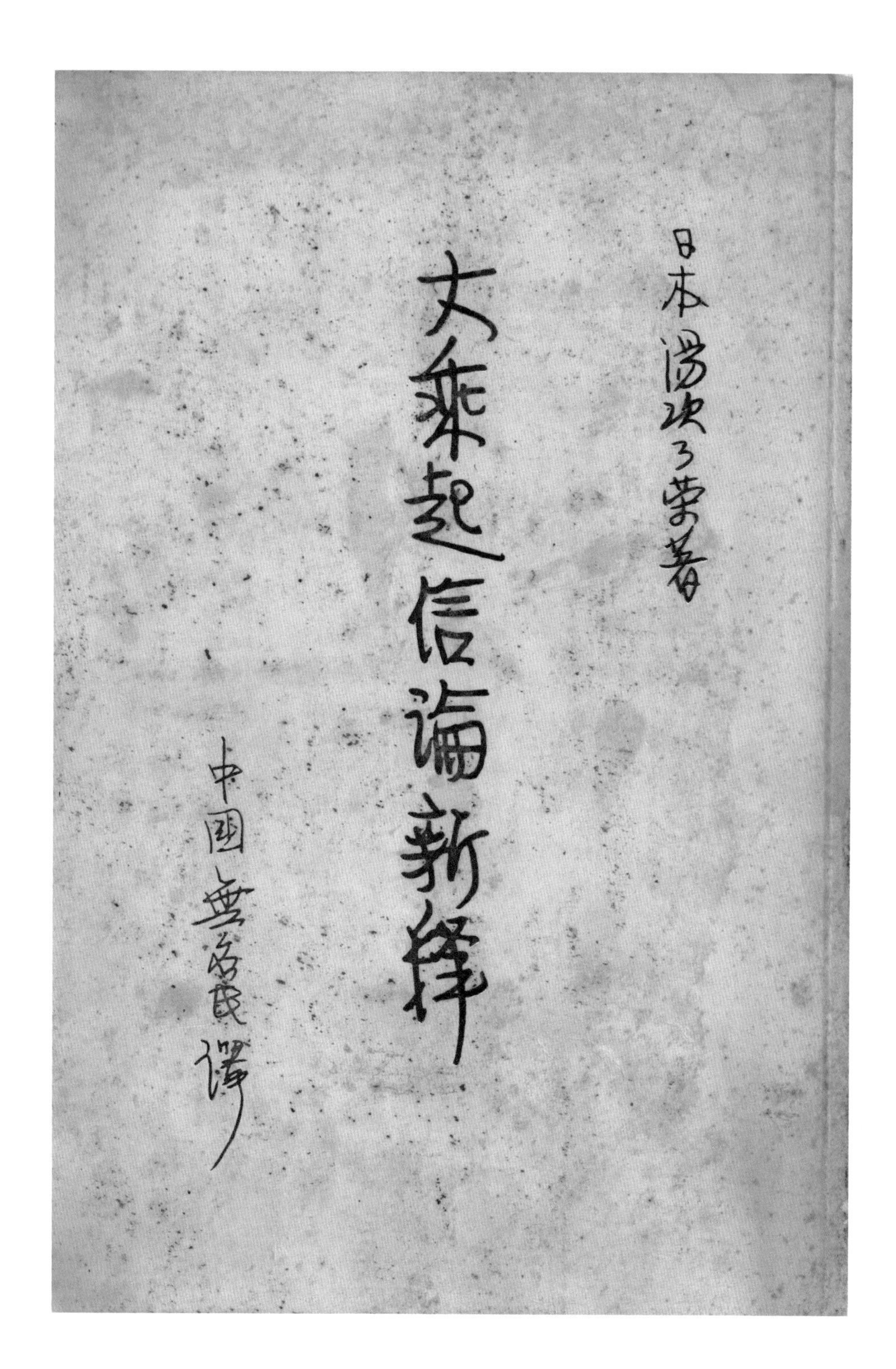
日本湯次了榮著
大乘起信论新释
中国无名氏译

哲学和他的老兄宗教

丰子恺在1943年写的《为青年说弘一法师》中说过："未曾认明佛教真相的人，就排斥佛教，指为消极，迷信，而非打倒不可。歪曲的佛教应该打倒；但真正的佛教，崇高伟大，胜于一切。——读者只要穷究自身的意义，便可相信这话。譬如：为什么入学校？为了欲得教养。为什么欲得教养？为了要做事业。为什么要做事业？为了满足你的人生欲望。再问下去，为什么要满足你的人生欲望？你想了一想，一时找不到根据，而难于答复。你再想一想，就会感到疑惑与虚空。你三想的时候，也许会感到苦闷与悲哀。这时候你就要请教'哲学'，和他的老兄'宗教'。"

在"文革"期间，丰子恺为翻译汤次了荣的《大乘起信论新释》，也是搬出"哲学"来为他的老兄"宗教"作挡箭牌。

大家知道，在"文革"年代，宗教仍是个禁区，是不能碰的，像丰子恺这样被打倒的"反动学术权威"，就更不能碰了。但丰子恺凭着一个佛教徒的信念，于1971年带病开始翻译《大乘起信论新释》。我们从丰子恺写给在石家庄的小儿子的信中可以看到："我身体甚好，肺已入吸收好转期，在家日饮啤酒，早上研习哲学，（已成五分之一，已给朱幼兰拿去看。）真能自得其乐。""我身体甚好，步行也复旧了。但仍不出门。晨三四点起身，弄我的哲学。朱幼兰经常来，就为此哲学。"这里所说的"哲学"，其实指的是"哲学的老兄宗教"，朱幼兰居士是个书法家，也是丰子恺《护生画集》第四和第六集的合作者。

《大乘起信论新释》由印度马鸣王著述，日本汤次了荣详加注解。丰子恺所藏的这本著作曾二度虎口余生：1937年缘缘堂被炸前，乡亲抢出一网篮衣物书籍，此书在内，其他字画和上万册图书全被毁；"文革"阴霾蔽天的日子，丰子恺家数次被抄，因抄家的人不识日文而侥幸留存。七十年代初期，时局还在动荡，丰子恺发心翻译《大乘起信论新释》，家人不免担心他的安全。但丰子恺却自有安排：先不考虑将来如何出版，在哪里出版，翻译出来再说。他坚信，译成后交新加坡高僧广洽法师保存是最可靠的，这部弘法之著终有一天会面世。

十三万字的译稿终于完成，丰子恺在《译者小序》中写道："大乘起信论乃学习大乘佛教之入门书。古来佛教徒藉此启蒙而皈依三宝者甚多。但文理深奥，一般人不易尽解。日本佛学家汤次了荣氏有鉴于此，将此书逐段译为近代文，又详加解说，对读者助益甚多。今将日文书译为中文本，以广流传，亦宏法之一助也。译者搁笔后附记，时一九六六年初夏。"

这个"哲学研习"工作是在1971年完成，《译者小序》为什么写1966年初夏？原来，当时为避免不必要的麻烦，丰先生特地将翻译年代提前了五年，1966年初夏那个"运动"尚未开始。还有，为谨慎起见，在译者的署名上丰子恺也没有用真名，而是"中国无名氏译"，真可谓用心良苦。译稿怎样带出国境也是件麻烦事。一直等到1973年初，机会终于来了：广洽师的好友周颖南先生从新加坡来上海。他来拜访丰子恺时，丰子恺最先想到的就是那包封存了两年的译稿，便委托周颖南带交广洽法师。很快，《大乘起信论新释》在新加坡付印。

尽管这部著作的封面上用金字赫然烫印着"中国无名氏译"，但这部书没有排版，是影印的，从手迹来看，知情的读者都知道这是丰子恺的手迹，而且法师在书后的《跋语》中也写明了译者的名字："余知子恺居士自幼受弘一大师之熏陶最深，高超志行，诚挚度人，不为时空之所限。其选译斯论，以为今后衽席群生共趋真正永久安乐之境界，盖有深远之理想存焉。"丰子恺在给广洽法师的信中也表示："弟自幼受弘一大师指示，对佛法信仰极深，至老不能变心。今日与法师二人合得一百五十岁，而刊行此书，亦一大胜缘也。"

源氏物语

| 紫式部　著　丰子恺　译
| 1980 年 12 月
| 人民文学出版社

日本文学丛书

紫式部著

源氏物语

上

白头风流译红楼

“白头风流译红楼”是从丰子恺 1961 年写的《浣溪沙》词最后二句“白头今又译《红楼》，时人将谓老风流”中引化出来的。那年丰子恺 63 岁，他自称是到了白头的年岁，而译《红楼》指的是那时他正在翻译有日本《红楼梦》之称的古典名著《源氏物语》。

《源氏物语》是日本平安时代女作家紫式部创作的一部长篇小说。“物语”是日本的一种文学体裁，意思与中国的“传奇”“故事”相类似。该小说的成书年代大致是在公元 1001 年至 1008 年间，相当于中国的北宋时期。

《源氏物语》以日本平安王朝全盛时期为背景，描写了主人公源氏的生活经历和爱情故事，全书共五十四回，近百万字。所涉人物四百多位，时间跨度达七十余年，描写了四位天皇的更迭及其他们在位时日本平安朝全盛的景象。

要说丰子恺与《源氏物语》的缘分，就要从丰子恺留学日本讲起。1962 年丰子恺写了一篇《我译〈源氏物语〉》专门谈他“白头今又译《红楼》”的缘起。文章说：“记得我青年时代，在东京的图书馆里看到古本《源氏物语》。展开来一看，全是古文，不易理解。后来我买了一部与谢野晶子的现代语译本，读了一遍觉得很像中国的《红楼梦》，人物众多，情节离奇，描写细致，含义丰富，令人不忍释手。读后我便发心学习日本古文。记得我曾经把第一回《桐壶》读得烂熟。……当时我曾经希望把它译成中国文。”

然而那时候丰子恺正刻苦学习美术、音乐，况且又是那么长达百余万字的一部巨著，这对于一个负笈东瀛的青年学子，正在为衣食奔走的丰子恺来讲，真是谈何容易，根本没有条件从事这庞大的翻译工作。结果是决心难下，希望成梦想。无奈的丰子恺只能将此梦想深深藏在心里。

谁料四十年后，这梦想竟变成了事实，丰子恺的夙愿终于能实现了。1961 年，人民文学出版社正式邀请丰子恺翻译《源氏物语》。

丰子恺在《我译〈源氏物语〉》中说："这是多么可喜可庆的事！这是世界上最早的长篇小说。我国的长篇小说《三国演义》和《水浒》、意大利但丁的《神曲》，都比《源氏物语》迟三四百年出世呢。这《源氏物语》是世界文学的珍宝，是日本人民的骄傲！在英国、德国、法国，早已有了译本，早已脍炙人口，而在相亲相近的中国，一向没有译本。直到解放后的今日，方才从事翻译，而这翻译工作正好落在我肩膀上。这在我是一种莫大的光荣！"在感到莫大的光荣的同时丰子恺更感到肩上的责任。

丰子恺的女儿丰一吟在《爸爸丰子恺》中写道："从1961年8月开始，爸爸全身心地投入日本古典巨著、世界最早的长篇小说《源氏物语》的翻译工作。《源氏物语》原著是古文，在日本有好几个现代语译本。爸爸翻译时以古文本为基础，参照各个现代语译本。为了选择用哪种文字风格来翻译，他考虑良久。最后决定使用现代白话文参照《红楼梦》的风格。……这部小说一共九十多万字，是人民文学出版社约稿出版的。爸爸在翻译的过程中，把进展的日期写得清清楚楚：从开始准备到翻译完毕，共四年一个月又二十九天。"丰一吟还回忆说："有的时候，父亲为了书中的一个人物的名字（是一个词或一句的译法），他会拿着香烟在房间里踱来踱去，思考良久。"

为了将这部文学巨著介绍给中国读者，为了圆上自己四十年的翻译梦想，丰子恺真是付出了许多。但在付出的同时，丰子恺又得到了许多二度创作的享受，勾起许多美好的回忆，丰子恺在《我译〈源氏物语〉》中又写道："我执笔时，常常发生亲切之感。因为这书中常常引用我们唐朝诗人白居易等的诗句，又看到日本古代女子能读我国的古文《史记》《汉书》和'五经'（《易经》《书经》《诗经》《礼记》《春秋》）；而在插图中，又看见日本平安时代的人物衣冠和我国唐朝非常相似。所以我译述时的心情，和往年译述俄罗斯古典文学时不同，仿佛是在译述我国自己的古书。……我有时不拘泥短歌中的字义，而另用一种适当的中国文来表达原诗的神趣。……现在我已译完第六回‘末摘花’，今后即将开始翻译第七回‘红叶贺’。说起红叶，我又惦念起日本来。樱花和红叶，是日本有名的‘春红秋艳’。我在日本滞留的那一年，曾到各处欣赏红叶。记得有一次在江之岛，坐在红叶底下眺望大海，饮正宗酒。其时天风振袖，水光接天；十里红树，如锦如绣。三杯之后，我浑忘尘劳，几疑身在神仙世界了。四十年来，这甘美的回忆时时闪现在我心头。今后我在翻译《源氏物语》的三年之间，一定会不断地回想日本的风景和日本人民的风韵闲雅的生活。我希望这东方特有的优良传统永远保留在日本人民的生活中。”

《源氏物语》这部倾注丰子恺心血的鸿篇译著，丰子恺没有等到它的面世，1966 年，当丰子恺搁笔交稿后，“文革”开始了，一直到 1980 年丰译《源氏物语》总算开始分册陆续出版，一时洛阳纸贵。

儿童杂事诗图笺释

| 周作人　作　丰子恺　绘　钟叔河　笺释
| 1999年1月
| 中华书局

兒童雜事詩圖箋釋
周作人
豐子愷
小辮朝天紅線紥，
分明一隻小蜻蜓。
子愷畫
新春大發財
1950 TK
鍾叔河◆箋釋

《儿童杂事诗》背后的“杂事”

《儿童杂事诗笺释》由文学大家周作人作诗，漫画大家丰子恺作插图，出版大家钟叔河笺释，三位大家珠联璧合，相映生辉，尽显文人风雅闲趣。

谁料到这样风趣天真的儿童诗，竟然诞生在南京老虎桥冰凉的监狱铁窗里。1947 年六七月间，周作人在监牢偶读英国利亚的诙谐诗，深感其诗“妙语天成，不可云物，因略师其意，写儿童趁韵诗”，他说的儿童趁韵诗就是描写儿童生活的诗，亦即有竹枝词的形式，具有诙谐幽默的风格，他赋予笔墨的略师其意，即成功写成七十二首《儿童杂事诗》。

其实，周作人在少年时期就对故乡的文化、风俗习惯及儿时游戏非常感兴趣，早在 1914 年，周作人登载启事，搜集资料，着手儿童文学方面的理论研究。《儿童杂事诗》可以说是周作人一生大量文字中很有特色的一部作品，因为他描写儿童的生活、讲述儿童的故事，又把这种童趣童乐放在故乡的岁时、民俗、名物等背景之下来介绍。据说周作人对《儿童杂事诗》尤其偏爱，他曾手抄过几本用来送人。1949 年初周作人被保释出狱，寄住在上海的一位学生家里，开始以各种笔名为上海《亦报》写小品文。他的《儿童杂事诗》也在那时交给《亦报》要求发表，据说是周作人自己提出最好能为诗配上插图，而《亦报》的编辑也为自己报纸的销量考虑，就请当时已很有名望的丰子恺为《儿童杂事诗》配插图。内容分为甲、乙、丙三编，每编各二十四首共七十二首。丰子恺作插图六十九幅。

周作人诗作的妙趣横生，丰子恺插图的俏皮写意，二者结合，图文互映，相得益彰，从 1950 年 2 月开始一经登载，大受读者欢迎，报纸销量大增，常常卖得脱销，一口气连载了近四个月。

这样一个皆大欢喜的事，不知为什么周作人却不那么领情，还对丰子恺的插图颇多微词。而丰子恺对周作人是怀有同情心的。舒群在《我和子恺》文中提到与丰子恺的一次谈话中，丰子恺将心比心地说：周作人就是因为舍不得他北平的“缘缘堂”，因为舍不得，他就没有出走。日本人利用了他，由此变成了汉奸。

尽管丰子恺同情周作人，但丰子恺与周作人截然不同，当淞沪战争爆发后，日寇步步紧逼他家乡时，丰子恺毅然决定拖着一家老小，背井离乡，告别了他不舍得的“缘缘堂”，踏上了宁死不当亡国奴的流亡抗争之路。在流亡途中得知“缘缘堂”被日寇战火摧毁，他悲愤交加，写了散文《还我缘缘堂》《告缘缘堂在天之灵》，控诉日寇的侵略暴行。

钟叔河是我国著名的老出版家，也是知名的历史学家，1989 年秋他为《儿童杂事诗》作了笺释，他的笺释阐释民俗、考证名物、疏通旧典，通俗易懂，将简短的诗演绎成极富趣味的文章。

《儿童杂事诗笺释》于 1999 年初版，第五版为最终增订版。书名亦由《儿童杂事诗图笺释》改为《儿童杂事诗笺释》。

格林姆《生命水》

丰华瞻　译　文化生活出版社

格林姆《格利芬》

丰华瞻　译　文化生活出版社

丰子恺书《笔顺习字帖》

宝文堂书店

《漫画》杂志

第 107 期

丰子恺《毛笔画册》第四册

万叶书店

《子恺漫画全集》

书林出版社

附　1951—1999 年封面精选

櫻桃豌豆分兒女草草春風又一年
子愷畫

后记　三代师生的书籍装帧艺术

音乐小杂志（第一期）

1906 年 2 月

封面　李叔同

音樂小雜誌
第一期
mf
ff
mp

南社通讯录·第三次改订本

| 1912年5月
| 封面木刻　李叔同

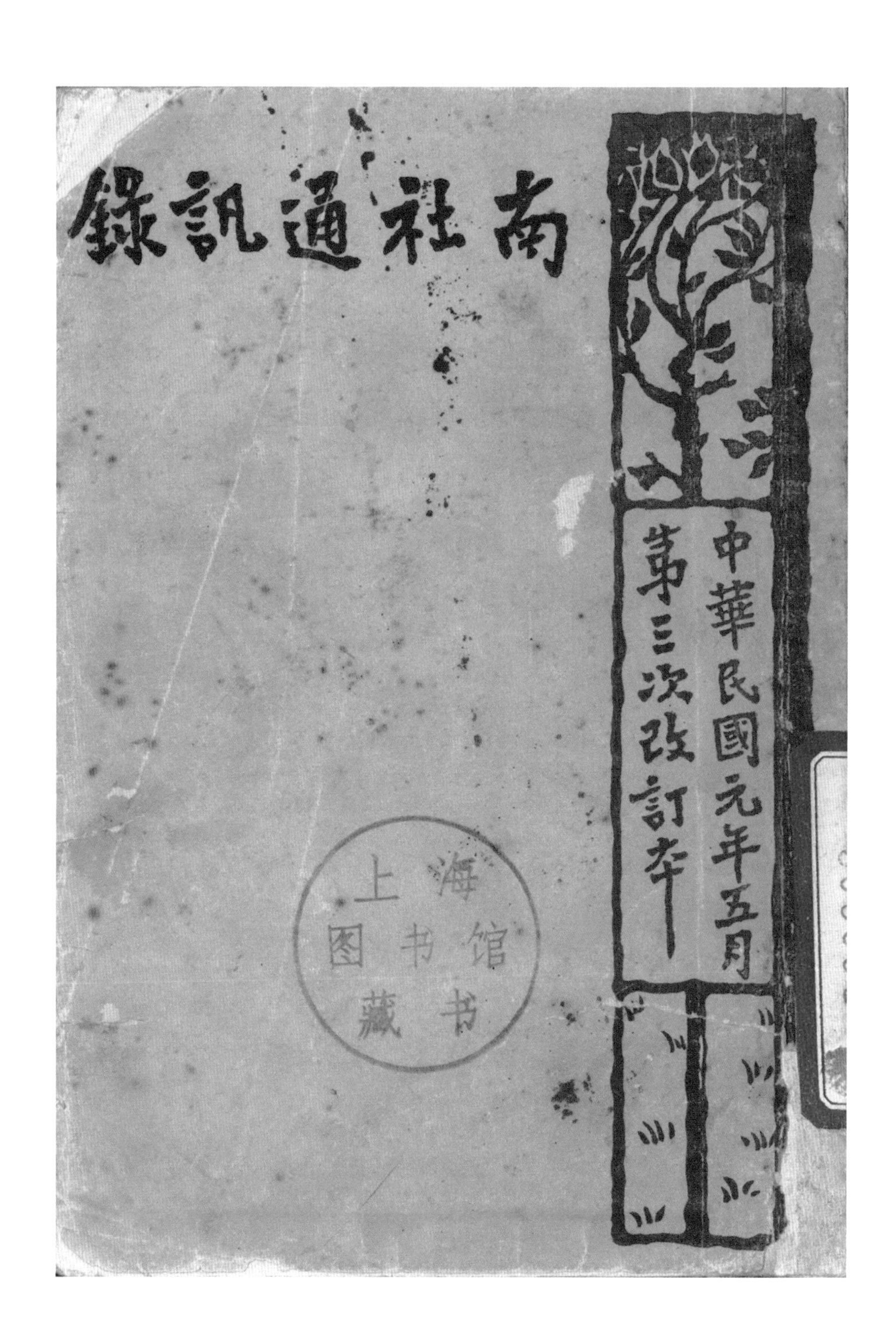
南社通訊錄
中華民國元年五月
第三次改訂本
上海图书馆藏书

编写完《封面子恺》这本书，很想大致谈谈李叔同、丰子恺和陶元庆、钱君匋的封面设计。大家知道，丰子恺是李叔同的学生，而陶元庆、钱君匋又是丰子恺的学生，就是这样的三代师生，在中国近代封面画木刻、漫画描绘，以及图案装饰上，起到了相当重要的作用。

一、装帧设计开拓者李叔同

中国古代的图书都是宣纸线装书，这种图书的封面设计非常简单，也就竖排的一列书名，其他就什么也没有了，几乎没有设计。中国书籍装帧设计艺术起步很晚，大致起始于晚清时期。鸦片战争以后，西学东渐，西方的哲学、科学、文学、艺术等书籍大量翻译引入中国。到甲午战争后，日文译作开始增多，同时日式装帧形式也开始引入国内，出现了精装和平装两种装订形式。原先的竖排版后来也被横排版逐渐取代，图书从左到右的阅读方式得到普及，这些都使中国的书籍装帧技术发生了根本性的变化。

李叔同是在1905年8月赴日本留学的，第二年的2月，他便出版发行了《音乐小杂志》。这是我国的第一本音乐杂志，其中，除了两幅插画和三篇文章为日本人所作，其他都出自李叔同手笔，甚至包括编辑出版事务，如封面设计、撰写前言、画插图，以及乐史、歌曲、杂纂、词府等栏目的设定，还有后期的排版校对等，都由李叔同一人包办。《音乐小杂志》是六十四开本的一本小册子，封面彩色印制，总体是蓝色调，多版彩色套印。上端是手书刊名和“第一期”字样，右侧是一束罂粟花，中间是黑色五线谱，衬以浅黄的底色。五线谱选的是法国大

革命期间歌颂自由的乐曲——《马赛曲》。这样一帧封面，在 1906 年的中国，绝对算得上是靓丽的。

《音乐小杂志》是在日本编撰，样板寄回上海刊印，部分杂志在中国发行，部分杂志寄回东京，在留日中国学生中发行。刊名“音乐小杂志”和“第一期”都是从右向左横排书写的，这种书写方式和全新的封面设计，就光绪三十二年的图书装帧来说，简直就是一种革命。从右向左书写书名这一形式，后来在民国时期得到广泛应用，且一直沿用到五十年代初。丰子恺的封面画《海的渴慕者》（1924 年）、《童话概要》（1927 年）、《苓英》（1933 年）、《世界奇观》（1935 年）、《青鸟》（1948 年）等，都是沿用横排从右向左书写形式的。

1912 年，李叔同再次投身于美术装帧设计活动。这一年上海驻军都督、民主革命志士陈英士，决定创办一份新报——《太平洋报》，任命姚雨平为社长，聘请柳亚子、李叔同等任主笔或主编。李叔同被任命为副刊主笔和美术版主编，兼管广告。为此，还特地刊登通告，强调特聘精通广告设计的名家研究设计新式的报纸广告。这“新式报纸广告”，就是李叔同首创的以漫画形式发布广告。

也是在 1912 年的 2 月 11 日，李叔同加入南社，成为南社第 211 号社员。在这里，他结识了柳亚子、胡朴安、朱少屏、叶楚伧等文艺精英。这是一个具有时代先进性的知识分子群体，李叔同加入南社后，承担起南社出版物的美术装帧设计工作。他为南社书刊设计的第一个封面可能就是《南社通讯录》：封面用纸呈淡黄色，右侧图案是一棵小树以及草地，竖写的“中华民国元年五月”“第三次改订本” 分两行书写，夹在中间，整个画面具有浓重的木刻韵味。

二、丰子恺的漫画封面艺术

丰子恺在浙江省立第一师范学校读书时，曾参加由李叔同和夏丏尊任指导老师的学生艺术团体“乐石社”，初步掌握了木刻和金石的技法。据乐石社成员吴梦非说，成员们印制《木版画集》，都是“自画、自刻、自己印刷的作品，其中有李叔同、夏丏尊等的木刻”。

丰子恺涉足图书封面艺术，是他在上虞白马湖畔春晖中学任教时期，不少作品是单色的，与李叔同的《南社通讯录》风格近似，让人联想到木刻的尖利刀锋痕迹。朱光潜认为，丰先生的早期作品，其实就是木刻的。他回忆说：“丰先生刻木刻是在白马湖时候，即 1923、1924 年间。我们大家经常在一起谈天，他常常是当场画好了立即就刻，刻好后就传给我们看。我记得很清楚。他最早的一些画，是亲自作过木刻的。”

尽管丰子恺学习并实践过木刻技术，他的画也很有木刻韵味，但随着印刷技术的进步，制作锌板铜版已很普及，所以他的封面画大多是以毛笔描绘后制版印刷的。

丰子恺对于封面画的设计，是有自己的设计思想的。他在《〈君匋书籍装帧艺术选〉前言》中说：“深刻的思想内容与完美的艺术形式的结合，是优良艺术作品的根本条件。书籍装帧既属艺术，当然也必具备这条件，方为佳作。盖书籍的装帧，不仅求其形式美观而已，又要求能够表达书籍的内容意义，是内容意义的象征。这仿佛是书的序文，不过序文是用语言文字来表达的，装帧是用形状色彩来表达的。这又仿佛是歌剧的序曲，听了序曲，便知道歌剧内容的大要。所以优良的书籍装帧，可以增加读者的读书兴趣，可以帮助读者对书籍的理解。”这

就是丰子恺要求封面设计画应该达到的一个标准。

丰先生用歌剧序曲来形容图书的封面设计，是非常恰当的。在古代欧洲，歌剧启幕以前是交际活动时间，直到演出开始响铃，大家才入场。后来这单调的铃声为一首能够概括歌剧内容的序曲所取代，再进一步，这首序曲就演化成一首可以独立演出的作品。丰子恺把这一“概括”运用得活灵活现。他的不少画册都是描画孩子或者给孩子看的，那么，绘画和题字就必须由孩子来完成，丰先生的大女儿丰陈宝，小儿子丰新枚，以及外孙女杨朝婴，都为他的画册题过字，而三女儿丰宁馨和小儿子丰新枚为丰先生描画过封面画。虽然这些封面题字与绘画看起来不免幼稚滑稽，但小读者一定会觉得分外亲切。

三、钱君匋与陶元庆的装帧艺术

说到钱君匋的封面设计，不得不先说说陶元庆的装帧艺术。

丰子恺从日本“游学”归来后，在上海专科师范学校任教，教的是西洋绘画和图案画课程，学生中就有钱君匋与陶元庆。当时陶元庆特别喜好封面设计，鲁迅出版的图书封面都是由他“承包”设计的。钱君匋与陶元庆关系密切，陶元庆设计封面，钱君匋一旁看着，很快掌握要领，也开始接触到书籍装帧设计这门艺术。

陶元庆封面设计，采用的是略带抽象的图案装饰设计，这在中国封面装帧史上，可说是一种大胆创新。他为鲁迅的译作《苦闷的象征》设计的封面，就是用非写实的手法描画一个在压抑中挣扎的半裸妇人，那略带恐怖的画面，很好地表现出“苦闷的象征”这个主题，得到了鲁迅的赞同，认为这样处理“使这书披上了凄艳的新装”。

陶元庆为鲁迅设计的第二幅封面作品是《彷徨》，他选用橙红色的纸张作为底色，配以黑色玩偶般的装饰人物和一个猛砸下来的大太阳。鲁迅称赞这个封面画，他说：“《彷徨》的书面实在非常有力，看了使人感动。”

但是，当时还是有一些人觉得难以接受，甚至认为陶元庆居然连太阳都没有画得很圆。陶元庆找到丰子恺，愤然说：“他们以为我连两脚规都不会用。”丰子恺也有同感。有一次，他请人制作画笺，用毛笔细细描绘出一个方框，再手书“缘缘堂画笺”五个字，请刻字店师傅刻版子。这位师傅见手描的线有点弯曲，便说：“我能为你刻得十分平直，一点没有弯曲，比原稿好看得多。”丰先生忙说：“这个使不得！我欢喜它弯弯曲曲的，千万请你照墨迹刻，否则我不要它。”丰先生这时候的遭遇，和陶元庆几乎相同：这位师傅也许在想，这个人怎么连直尺都不会用？

虽然陶元庆在中国现代书籍装帧上占据重要地位，但他的设计作品并不多，倒是由于他引荐钱君匋认识鲁迅先生，使钱君匋有了鲁迅这样的忘年交。钱君匋的封面设计，得到了鲁迅的好评。钱君匋就此也成为了知名的装帧设计家。

钱君匋的封面设计与丰子恺不同，但设计思想十分接近。钱君匋曾说，封面设计“首先难在独特构思，否则画出来的作品无个性。成功的书面画，要把书的中心内容和盘托出，又杜绝浅、露、甜、媚、尖、脆，跳过这几条铁门槛，达到浑涵、含蓄，有画外之味，图有尽而意无穷”。封面也可以“从侧面体现书的意境，道是无关却有关，拨动读者想像之弦，使之余音袅袅”。钱君匋还从商业角度阐释了封面设计：“一本书放在一千本书中，要能第一个抓住读者的视线，使之不忍离去，不由自主地想翻开书看上一眼，这本书的封面设计才算是成功的。”

以上约略叙说了李叔同、丰子恺和钱君匋、陶元庆三代师生的封面作品及风格。他们都是大师级的装帧设计家，他们的封面作品，至今仍不过时，仍具有借鉴意义。这也是我们编写《封面子恺》这本书的初衷。我们不是艺术方面的专家学者，只是凭着对丰子恺艺术的热爱，想让读者从各个方面、各个角度来认识丰子恺，所以，错误与不妥之处在所难免，希望读者提出批评意见，共同完善这一选题。

最后还要加以说明的是，《封面子恺》这本书一共写了六十六篇与封面有关的短文，选用了一百七十八帧图书封面（不包括其他盘文插图封面）。其中《梵高生活》《初恋》《猎人笔记》《自杀俱乐部》《源氏物语》《儿童杂事诗笺释》等书，因为当时被列为出版社的套系图书，或者因为图书出版时丰先生已经去世，所以封面不是丰子恺设计的。这一点，读者也许已经有所觉察，因为这些封面与丰先生的设计风格还是有很大差异的。

图书在版编目（CIP）数据

封面子恺 / 杨子耘等著 . -- 合肥 : 黄山书社，
2020.6
ISBN 978-7-5461-9029-7

Ⅰ . ①封… Ⅱ . ①杨… Ⅲ . ①书籍装帧 - 设计 - 作品
集 - 中国 - 现代 Ⅳ . ① TS881

中国版本图书馆 CIP 数据核字（2020）第 111605 号

封 面 子 恺
FENGMIANZIKAI

吴达　杨朝婴　宋雪君　杨子耘　编著

出 品 人　贾兴权
责任编辑　高　杨
装帧设计　私书坊 _ 刘　俊
出版发行　时代出版传媒股份有限公司（http://www.press-mart.com）
　　　　　黄山书社（http://www.hspress.cn）
地址邮编　安徽省合肥市蜀山区翡翠路 1118 号出版传媒广场 7 层 230071
印　　刷　安徽新华印刷股份有限公司
版　　次　2020 年 10 月第 1 版
印　　次　2020 年 10 月第 1 次印刷
开　　本　787mm × 1092mm 1/16
字　　数　350 千字
印　　张　25.5
书　　号　ISBN 978-7-5461-9029-7
定　　价　88.00 元

服务热线　0551-63533706
销售热线　0551-63533761
官方直营书店（https://hsss.tmall.com）